"十二五"职业教育国家规划教材

经全国职业教育教材审定委员会审定

液压传动

第三版

时彦林　主编

侯维芝　主审

U0288324

化学工业出版社

·北京·

全书共 11 章，内容包括液压传动概论、液压传动基本概念、液压油、液压泵、液压缸、液压马达、液压控制阀、液压辅助装置、液压基本回路、液压传动系统、液压传动系统的安装调试与运转维护。

本书力求体现岗位技能为目标的职教特点，在叙述和表达方式上深入浅出、直观易懂、触类旁通。在编写中反映了我国液压传动发展的新成果，统一采用法定单位和 2009 年国家技术监督局发布的 GB/T 786.1—2009 规定的图形符号。

每章后有思考题，在书的最后有综合练习题。

本书可作为高等职业技术院校、高等专科学校、职工大学、函授学院、成人教育学院等大专层次以及中等职业教育的机械类、冶金类、机电类、汽车类专业教学用书，也可供职工技术培训及有关工程技术人员参考。

图书在版编目（CIP）数据

液压传动/时彦林主编. —3 版. —北京：化学工业出版社，2015.3（2020.9 重印）
"十二五"职业教育国家规划教材
ISBN 978-7-122-23034-8

Ⅰ.①液… Ⅱ.①时… Ⅲ.①液压传动-高等职业教育-教材 Ⅳ.①TH137

中国版本图书馆 CIP 数据核字（2015）第 030390 号

责任编辑：廉　静　张双进　　　　　　装帧设计：王晓宇
责任校对：宋　玮

出版发行：化学工业出版社（北京市东城区青年湖南街 13 号　邮政编码 100011）
印　　刷：北京京华铭诚工贸有限公司
装　　订：三河市振勇印装有限公司
787mm×1092mm　1/16　印张 13½　字数 337 千字　　2020 年 9 月北京第 3 版第 4 次印刷

购书咨询：010-64518888　　　　　　售后服务：010-64518899
网　　址：http://www.cip.com.cn

第三版前言

本书经全国职业教育教材审定委员会审定，被评为"十二五"职业教育国家规划教材。

本书本着以就业为导向、以能力为本位，突出学习者在学习中的主体地位的原则而编写。全书在编写过程中突出"学其所用、用其所学"的指导思想，重点突出以具体元件、具体回路、具体液压系统为载体，将专业基础理论课程较为抽象的内容具体化，并尽量做到按照学习者的学习思维逻辑设计课程内容的组织结构。

本书特别注重拓展学习者关于液压元件，液压回路，液压传动系统的分析、维护与故障判断知识。在学习完全书后，要求学生完成回路设计与搭建、液压系统设计两个项目，进而达到应用所学知识的目的，使得教材应用性、实用性更强。

全书共 11 章，内容包括液压传动概论、液压传动基本概念、液压油、液压泵、液压缸、液压马达、液压控制阀、液压辅助装置、液压基本回路、液压传动系统、液压传动系统的安装调试与运转维护。最后附有常用液压传动图形符号。

本书每章后有思考题。全书最后还设计了 300 多个综合练习题，并配有参考答案供学习者自主学习时参考。需要者与 syLyyyy@163.com 联系。另外本书配有电子教案和课件，可登录化学工业出版社教学资源网查询。

全书由时彦林担任主编，侯维芝担任主审，陈涛、刘杰担任副主编，贾艳、张欣杰、董中奇、刘燕霞、黄伟青、李建朝、齐素慈参加了编写。

本书在编写过程中参考了相关书籍、资料，在此对其作者表示衷心的感谢。由于笔者水平所限，书中不当之处，敬请读者批评指正。

编者

2014.12

第一版前言

职业教育要办出特色，教材建设十分关键。本教材在编写过程中注意了职业教育和职业培训的特点，教材内容侧重于理论知识的应用，强调理论联系实际和对学生的实践训练，贯彻以应用为目的。主要问题以讲清楚为主，不做过多的理论推导，理论以"必须、够用"为原则，力求做到重点突出、少而精、文字简练，内容讲解深入浅出，通俗易懂，易教易学。

本书共 11 章，主要包括概论、液压传动基本概念、液压油、液压泵、液压缸、液压马达、液压控制阀、液压辅助装置、液压基本回路、液压传动系统、液压传动系统的安装调试与运转维修。在编写过程中，力求体现岗位技能为目标的职教特点，在叙述和表达方式上又努力做到深入浅出、直观易懂、触类旁通。在编写中，力求反映中国液压传动发展的新成果，统一采用法定单位和 1993 年国家技术监督局发布的 GB/T 786.1—93 规定的图形符号。

在思考题的编选上，考虑了职业教育的特点，尽量结合实际应用，在加深对理论理解的同时，提高对知识运用的灵活性。目的是克服重理论轻实践，重知识轻技能倾向，体现"能力本位"的指导思想。

在书后附有综合练习题，并为授课教师免费提供参考答案。有需要者请与责任编辑联系，E-mail：zhangshuangjin68@sina.com。

本书可作为高等职业技术院校、高等专科学校、职工大学、函授学院、成人教育学院等大专层次教学用书，也可供职工技术培训、中等职业教育及有关工程技术人员参考。

本书由时彦林任主编，张文灼、袁建路、陈涛任副主编，侯维芝主审，参加编写的还有李鹏飞、阎志坡、王彦霞、朱晓红、胡向阳、郝宏伟。

由于我们学识水平有限，书中不妥之处在所难免，恳请广大读者批评指正。

编者
2005 年 10 月

第二版前言

本书是在第一版的基础上进行修订，在内容上做了必要的调整、充实、修订和提高。

本书本着以就业为导向、以能力为本位，突出学习者在学习中的主体地位的原则而编写。全书共 11 章，内容包括液压传动概论、液压传动基本概念、液压油、液压泵、液压缸、液压马达、液压控制阀、液压辅助装置、液压基本回路、液压传动系统、液压传动系统的安装调试维护。

全书在编写过程中突出"学其所用、用其所学"的指导思想，重点突出以具体元件、具体回路、具体液压系统为载体，将专业基础理论课程较为抽象的内容具体化，并尽量做到按照学习者的学习思维逻辑，设计课程内容的组织结构。本书特别注重拓展学习者关于液压元件、液压回路、液压传动系统的分析、维护与故障判断知识，每个章节后均配有典型故障现象及排除方法列表。全书最后附有液压常用图形符号国家标准，使得本书既吸取了传统液压传动教材的体系结构，又较传统的液压传动教材应用性、实用性更强。

本书每章后有思考题。全书最后还设计了 300 多个综合练习题，并配有参考答案供学习者自主学习时参考。需要者与 syLyyyy@163.com 联系。

全书由时彦林主编，陈涛、刘杰、张文灼副主编，贾艳、张欣杰、董中奇、刘燕霞、黄伟青、李建朝、齐素慈参编，侯维芝主审。

由于笔者水平有限，不当之处敬请读者指正。

编者
2011 年 6 月

目　　录

1　液压传动概论 ……………………………………………………………… 1
　1.1　液压传动的工作原理及系统组成 ……………………………………… 1
　1.2　液压系统的分类 ………………………………………………………… 4
　1.3　液压传动的特点 ………………………………………………………… 5
　1.4　中国液压技术的发展 …………………………………………………… 5
　　思考题 ……………………………………………………………………… 6
2　液压传动基本概念 ………………………………………………………… 7
　2.1　液压传动中的压力 ……………………………………………………… 7
　2.2　液压传动中的平均流速和流量 ……………………………………… 10
　2.3　伯努利方程 …………………………………………………………… 11
　2.4　液压系统中的压力损失 ……………………………………………… 13
　2.5　液压冲击和气穴现象 ………………………………………………… 15
　　思考题 …………………………………………………………………… 16
3　液压油 …………………………………………………………………… 17
　3.1　液体的物理性质 ……………………………………………………… 17
　3.2　液压油的类型和选择 ………………………………………………… 19
　3.3　液压油的污染及控制 ………………………………………………… 22
　3.4　液压油的使用及管理 ………………………………………………… 24
　　思考题 …………………………………………………………………… 25
4　液压泵 …………………………………………………………………… 27
　4.1　液压泵概述 …………………………………………………………… 27
　4.2　齿轮泵 ………………………………………………………………… 29
　4.3　叶片泵 ………………………………………………………………… 35
　4.4　柱塞泵 ………………………………………………………………… 42
　4.5　各类液压泵的性能比较及应用 ……………………………………… 50
　　思考题 …………………………………………………………………… 51
5　液压缸 …………………………………………………………………… 52
　5.1　液压缸的分类及特点 ………………………………………………… 52
　5.2　典型液压缸及其工作原理 …………………………………………… 53
　5.3　液压缸的结构 ………………………………………………………… 56
　5.4　液压缸的拆装修理 …………………………………………………… 58
　5.5　液压缸常见故障及排除方法 ………………………………………… 60
　　思考题 …………………………………………………………………… 61
6　液压马达 ………………………………………………………………… 62
　6.1　液压马达类型及应用范围 …………………………………………… 62
　6.2　齿轮液压马达 ………………………………………………………… 63

6.3　叶片式液压马达 ……………………………………………………… 64

6.4　轴向柱塞式液压马达 ………………………………………………… 65

6.5　径向柱塞式液压马达 ………………………………………………… 66

6.6　摆动液压马达 ………………………………………………………… 68

思考题 ……………………………………………………………………… 69

7　液压控制阀 ………………………………………………………… 70

7.1　概述 …………………………………………………………………… 70

7.2　方向控制阀 …………………………………………………………… 71

7.3　压力控制阀 …………………………………………………………… 81

7.4　流量控制阀 …………………………………………………………… 92

7.5　电液伺服阀 …………………………………………………………… 95

7.6　比例阀、插装阀和叠加阀 …………………………………………… 98

思考题 ……………………………………………………………………… 102

8　液压辅助装置 ……………………………………………………… 103

8.1　蓄能器 ………………………………………………………………… 103

8.2　油箱 …………………………………………………………………… 107

8.3　过滤器 ………………………………………………………………… 108

8.4　热交换器 ……………………………………………………………… 112

8.5　压力计和压力计开关 ………………………………………………… 113

8.6　油管和管接头 ………………………………………………………… 114

思考题 ……………………………………………………………………… 115

9　液压基本回路 ……………………………………………………… 117

9.1　压力控制回路 ………………………………………………………… 117

9.2　速度控制回路 ………………………………………………………… 122

9.3　方向控制回路 ………………………………………………………… 130

9.4　多缸控制回路 ………………………………………………………… 131

思考题 ……………………………………………………………………… 136

10　液压传动系统 …………………………………………………… 137

10.1　Q2-8 型液压起重机液压系统 ……………………………………… 137

10.2　组合机床动力滑台液压系统 ……………………………………… 140

10.3　连铸机中间包滑动水口液压系统 ………………………………… 142

10.4　高炉料钟启闭机构液压系统 ……………………………………… 145

10.5　高炉泥炮液压系统 ………………………………………………… 149

思考题 ……………………………………………………………………… 154

11　液压传动系统的安装调试与运转维护 ……………………… 155

11.1　液压系统的安装与调试 …………………………………………… 155

11.2　液压系统的运转与维护 …………………………………………… 158

思考题 ……………………………………………………………………… 159

综合练习题 …………………………………………………………… 160

项目设计 ……………………………………………………………… 181

附录　常用液压传动图形符号 …………………………………… 202

参考文献 ……………………………………………………………… 206

1 液压传动概论

一部完整的机器由原动机、传动部分、控制部分和工作机构等组成。传动部分是一个中间环节，它的作用是把原动机（电动机、内燃机等）的输出功率传送给工作机构。传动有多种类型，如机械传动、电力传动、液体传动、气压传动以及它们的组合——复合传动等。

用液体作为工作介质进行能量传递的传动方式称为液体传动。按照其工作原理的不同，液体传动又可分为液压传动和液力传动两种形式。液压传动主要是利用液体的压力能来传递能量；而液力传动则主要是利用液体的动能来传递能量。本书主要介绍以液体为介质的液压传动技术。

1.1 液压传动的工作原理及系统组成

液压传动装置本质上是一种能量转换装置，它以液体作为工作介质，通过动力元件液压泵将原动机（如电动机）的机械能转换为液体的压力能，然后通过管道、控制元件（液压阀）把有压液体输往执行元件（液压缸或液压马达），将液体的压力能又转换为机械能，以驱动负载实现直线或回转运动，完成动力传递。

1.1.1 液压千斤顶工作原理

图 1-1 是手动液压千斤顶的工作原理图。液压千斤顶由手动液压泵和液压举升装置两部分组成。杠杆 1、小活塞 2、小缸体 3、单向阀 4 和 5 等组成手动液压泵。大缸体 6、大活塞 7 和卸油阀 9 构成液压举升装置。另外还有连接各元件的油管、储存油液的油箱等辅助元件。

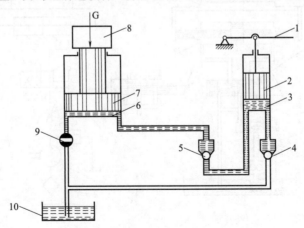

图 1-1　液压千斤顶的工作原理

1—杠杆；2—小活塞；3—小缸体；4,5—钢球；

6—大缸体；7—大活塞；8—重物；9—卸油阀；10—油箱

液压千斤顶的工作过程可以描述如下。

（1）提升杠杆，完成吸油动作

提起杠杆1使小活塞2向上移动，小活塞下面的油腔容积增大，形成局部的真空。此时，单向阀5的上方压力大于下方压力，其钢球在上、下压力差的作用下，将该处的油路关闭。油箱10中的油液在大气压力作用下，顶开单向阀4的钢球，沿吸油孔路进入小缸体的下腔，完成一次吸油动作。

（2）下压杠杆，完成压油动作，顶起重物

下压杠杆1使小活塞2向下移动，小缸体3下腔的密封容积减小，腔内油压升高。此时，单向阀4的上方压力大于下方压力，其钢球在上、下压力差的作用下，将吸油孔路关闭。随着活塞的继续下压，小缸体3的下腔压力不断升高，直到单向阀5的下方压力高于上方压力时，其钢球被顶开，油液通过压油孔路进入大缸体6的下腔，推动大活塞向上移动，从而将重物8顶起一定距离，完成一次压油动作。

如此反复提升、下压杠杆1，即可将重物不断升起到预定高度。

（3）旋转卸油阀，使重物回落

将卸油阀9旋转90°，在重物8的自重作用下，大缸内的油液可通卸油阀过小孔慢慢流回油箱，从而使重物缓慢回落到原来高度。

由液压千斤顶的工作过程可知：小液压缸（由缸体3和活塞2组成）与单向阀4和5一起完成吸油与压油，将杠杆的机械能转换成油液的压力能输出，称为（手动）液压泵。大液压缸（由缸体6和大活塞7组成）将油液的压力能转换为机械能输出，完成顶起重物的工作，称为执行元件。

液压千斤顶是一个简单的液压装置，其工作原理说明液压传动是依靠在密闭容积中的油液的压力实现运动与动力的传递。

1.1.2 机床工作台液压系统的组成

图1-2为一台简化了的机床工作台液压传动系统。其工作情况及工作过程中的方向、速度和压力的控制分析如下。

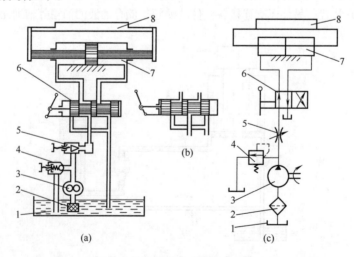

图 1-2 机床工作台液压传动系统

1—油箱；2—过滤器；3—液压泵；4—溢流阀；5—节流阀；6—换向阀；7—液压缸；8—工作台

在图 1-2(a) 中，液压泵 3 由电动机（图中未示出）带动旋转，从油箱 1 中吸油。油液经过滤器 2 过滤后流往液压泵，经液压泵向系统输送。来自液压泵的压力油流经节流阀 5 和换向阀 6 进入液压缸 7 的左腔，推动活塞连同工作台 8 向右移动。这时，液压缸 7 右腔的油通过换向阀 6 经回油管排回油箱 1。

如果将换向阀手柄扳到左边位置，使换向阀处于如图 1-2(b) 所示的状态，则压力油经换向阀 6 进入液压缸 7 的右腔，推动活塞连同工作台向左移动。这时，液压缸 7 左腔的油也经换向阀 6 和回油管排回油箱 1。

工作台的移动速度是通过节流阀 5 来调节的。当节流阀 5 开口较大时，进入液压缸 7 的压力油流量较大，工作台的移动速度也较快；反之，当节流阀 5 开口较小时，工作台移动速度则较慢。

工作台移动时必须克服阻力，例如克服切削力和相对运动表面的摩擦力等。为适应克服不同大小阻力的需要，泵输出油液的压力应当能够调整；另外，当工作台低速移动时节流阀 5 开口较小，泵出口多余的压力油也需排回油箱。这些功能是由溢流阀 4 来实现的，调节溢流阀 4 弹簧的预压力就能调整泵出口的油液压力，并让多余的油在相应压力下打开溢流阀 4，经回油管流回油箱 1。

从上述例子可以看出，构成液压系统的各个部分及其功能作用如表 1-1 所示。液压传动系统在工作过程中的能量转换和传递情况如图 1-3 所示。

表 1-1　液压系统的组成

组成部分		功能作用
原动机	电动机 发动机	向液压系统提供机械能
液压泵	齿轮泵 叶片泵 柱塞泵	把原动机所提供的机械能转变成油液的压力能，输出高压油液
执行元件	液压缸 液压马达 摆动马达	把油液的压力能转变成机械能去驱动负载做功，实现往复直线运动，连续转动或摆动
控制阀	压力控制阀 流量控制阀 方向控制阀	控制从液压泵到执行元件的油液的压力、流量和流动方向，从而控制执行元件的力，速度和方向
液压辅件	油箱	盛放液压油，向液压泵供应液压油，回收来自执行元件的完成了能量传递任务之后的低压油液
	管路	输送油液
	过滤器	滤除油液中的杂质，保持系统正常工作所需的油液清洁度
	密封	在固定连接或运动连接处防止油液泄漏，以保证工作压力的建立
	蓄能器	储存高压油液，并在需要时释放
	热交换器	控制油液温度
液压油		是传递能量的工作介质，也起润滑和冷却作用

1.1.3　液压传动系统的图形符号

如图 1-2(a) 所示的液压传动系统图中，各个元件都是以半结构图的形式表达的。这种半结构式的工作原理图直观性强，容易理解，当液压系统出现故障时，分析起来也比较方便。但它不能全面反映元件的职能作用，且图形复杂难于绘制，当系统元件数量多时更是如

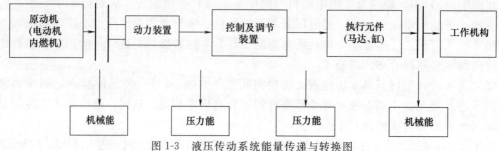

图 1-3　液压传动系统能量传递与转换图

此。在工程实际中，除某些特殊情况外，一般均采用 GB/T 786.1—2009 所规定的液压图形符号（见附录）绘制液压传动系统原理图。

在用图形符号绘制液压系统原理图时，应注意以下问题。

① GB/T 786.1—2009 所规定的液压图形符号为职能符号。

② 图形符号只表示元件的功能、操作（控制）方法及外部连接口，不表示元件的具体结构和参数，也不表示连接口的实际位置和元件的安装位置。

③ 用液压图形符号绘制液压系统图时，所有元件均以元件的静止位置表示。并且除特别注明的符号或有方向性的元件符号外，其在图中可根据具体情况水平或垂直绘制。

④ 当有些元件无法用图形符号表达或在国家标准中未列入时，可根据标准中规定的符号绘制规则和所给出的符号进行派生。当无法用标准直接引用或派生时，或有必要特别说明系统中某一元件的结构和工作原理时，可采用局部结构简图或采用其结构或半结构示意图表示。

⑤ 液压元件的名称、型号和参数（如压力、流量、功率、管径等），一般在系统图的元件表中标明，必要时也可标注在元件符号旁边。

⑥ 图形符号的大小应以清晰美观为原则，绘制时可根据图纸幅面大小酌情处理，但应保持图形本身的适当比例。

对于如图 1-2(a) 所示的液压系统，若用国家标准 GB/T 786.1—2009 绘制，则其系统原理图如图 1-2(c) 所示。

1.2　液压系统的分类

按照液压回路的基本构成，可以把液压系统划分为开式系统和闭式系统；按照液压系统的主要功用可分为传动系统和控制系统；按实现速度控制的方式可分为阀控制和泵控制；按换向阀中位状态可分为开中位和闭中位；按系统的用途可分为固定设备用和车辆用等。现将开式系统、闭式系统、阀控制、泵控制举例如表 1-2 所示。

表 1-2　液压系统的分类

类别	说　明
开式系统	泵从油箱抽油,经系统回路返回油箱,应用普遍,油箱要足够大
闭式系统	马达排出的油液返回泵的进油口,多用于车辆的行走驱动,用升压泵补油,并且用冲洗阀局部换油
阀控制	通过改变节流口的开度来控制流量,从而控制速度。按节流口与执行元件的相对位置可分为进口节流、出口节流和旁通节流
泵控制	通过改变泵的排量来控制流量,从而控制速度。效率较高

1.3　液压传动的特点

1.3.1　液压传动的主要优点

液压传动在工程机械、矿山机械、冶金机械、机床工业、轻工机械、农业机械等工业部门都有着广泛的应用。之所以如此，是因为它与其他传动形式相比有着许多优点。

① 液压传动能方便地实现无级调速，调速范围大。

② 在相同功率情况下，液压传动能量转换元件的体积较小，质量较轻。

③ 工作平稳，换向冲击小，便于实现频繁换向。

④ 便于实现过载保护，而且工作油液能使传动零件实现自润滑，故使用寿命较长。

⑤ 操纵简单，便于实现自动化。特别是和电气控制联合使用时，易于实现复杂的自动工作循环。

⑥ 液压元件易于实现系列化、标准化和通用化。

1.3.2　液压传动的主要缺点

液压传动的主要缺点如下。

① 液压传动中的泄漏和液体的可压缩性使传动无法保证严格的传动比。

② 液压传动有较多的能量损失（泄漏损失、摩擦损失等），故传动效率不高，不宜做远距离传动。

③ 液压传动对油温的变化比较敏感，不宜在很高和很低的温度下工作。

④ 液压传动出现故障时不易找出原因。

综合上述，液压传动的优点远多于其缺点。正因为如此，它在和电力传动、机械传动的竞争中不断发展和完善，在各工业领域中获得越来越广泛的应用；其缺点将随着工业技术水平的发展而逐渐得到克服和弥补。

1.4　中国液压技术的发展

中国液压工业经过几十年的发展，已形成了门类齐全、有一定技术水平并初具规模的生产科研体系。中国现有主要生产企业近 300 家，液压产品的年产量为 450 万件，为机床、工程机械、冶金机械、矿山机械、农业机械、汽车、铁路、船舶、电子、石油化工、国防、纺织、轻工等行业机械设备提供种类比较齐全的产品。目前液压元件约有 1000 个品种，近万个规格。

改革开放以来，中国液压工业先后引进技术几十项，为提高产品质量和扩大生产能力起到了重要作用。目前已和美国、日本、德国、意大利等国家以及中国的台湾地区的液压公司建立了一些合资企业，这些企业也为推动中国液压工业的发展做出了应有的贡献。中国通过科研攻关和对引进技术的消化吸收，产品技术水平不断提高，如生产的高压齿轮泵、中高压变量叶片泵、高压斜轴式及斜盘式柱塞泵/马达、高压液压控制阀、叠加阀、电液伺服阀、比例阀、精密过滤器、精密气源处理装置、微型和小型气动电磁阀、无油润滑气缸及阀门、高压往复密封及回转密封等。另外在 CAD 和 CAT 技术、污染控制、故障诊断、机电一体化、现代控制工程技术的应用等方面均取得很好的成果，并已应用于实际生产中。

中国液压、气动工业虽然取得了很大的发展，但与主机发展要求以及和世界先进水平相比还有差距，主要表现如下。

① 产品品种少，产品结构不合理，高新技术产品构成比例低。

② 产品品种单一，系列化程度不高，缺少适应主机的变型、派生和专用产品。因此，可供用户选择的范围小，不适应主机多样化发展的要求。

③ 产品性能指标不高，且国外的液压、气动产品寿命比中国的产品高，中高压叶片泵噪声比中国的产品低。又如产品的清洁度，以电磁阀为例，国外电磁阀（6mm 通径）为 $1\sim 5$mg，而中国的电磁阀为 $10\sim 20$mg。国内外液压气动产品性能比较，如表 1-3 所示。

表 1-3　国内外液压气动产品性能比较

产 品 名 称	国内	国外	产 品 名 称	国内	国外
液压电磁阀的寿命/万次	$100\sim 300$	1000	中高压叶片泵噪声/dB	$75\sim 80$	$60\sim 70$
气动电磁阀的寿命/万次	$500\sim 1000$	$3000\sim 5000$	电磁阀(6mm 通径)的清洁度/mg	$10\sim 20$	$1\sim 5$

④ 设计技术水平不高，缺少必要的试验条件，自主开发能力薄弱，CAD、CAT 技术应用还不普遍，产品设计还处于经验设计、静力学设计阶段。

根据中国液压工业的技术差距，有关部门已拟定出对液压、气动产品的性能和质量的新要求，即解决差距的措施。

思考题

1. 液体传动有哪两种形式？它们的主要区别是什么？
2. 液压传动系统由哪几部分组成？各部分的作用是什么？
3. 液压传动的主要优、缺点是什么？
4. 液压系统中液压元件的表示方法是什么？

2 液压传动基本概念

2.1 液压传动中的压力

2.1.1 压力的概念

液压传动中所说的压力概念是指当液体相对静止时，液体单位面积上所受的法向力，常用符号 p 表示。在物理学中则称为压强。

静止液体某点处微小面积 ΔA 所受的法向力为 ΔF，则该点的压力为

$$p = \lim \frac{\Delta F}{\Delta A} \tag{2-1}$$

式中 p——液体所受压力，Pa（N/m²）；

ΔF——液体所受法向外力，N；

ΔA——法向外力的作用面积，m²。

液压传动系统中，外载荷（F）通过活塞（面积为 A）均匀地作用于液体表面。此时，液体所受的压力为

$$p = \frac{F}{A} \tag{2-2}$$

2.1.2 压力的表示

（1）压力的表示方法

压力有两种表示方法，即绝对压力和相对压力。以绝对真空为基准的压力为绝对压力；以大气压（Pa）为基准的压力为相对压力。大多数测量压力的仪表都受大气压的作用，所以，仪表指示的压力都是相对压力，也称表压力。在液压传动中，如不特别说明，压力均指相对压力。

如果液体中某点处的绝对压力小于大气压力（Pa），那么，比大气压小的那部分数值叫做该点的真空度。由图 2-1 可知，以大气压为基准计算压力值时，基准以上的正值是表压力，基准以下的负值就是真空度。绝对压力、相对压力、真空度的关系为

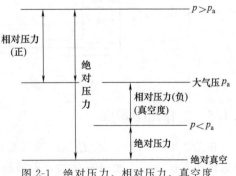

图 2-1 绝对压力、相对压力、真空度

$$绝对压力＝大气压力＋相对压力$$
$$真空度＝大气压力－绝对压力$$

（2）压力的单位

压力的法定计量单位是 Pa（帕），$1Pa = 1N/m^2$，工程上也常使用 MPa（兆帕），$1MPa = 10^6 Pa$（兆帕）。以前沿用过和某些部门惯用的压力单位还有 bar（巴）、at（工程大气压，即 kgf/cm^2）、atm（标准大气压）、mmH_2O（约定毫米水柱）或 mmHg（约定毫米汞柱）等。各种压力单位之间的换算关系见表 2-1。

表 2-1　各种压力单位换算关系

Pa（帕）	bar（巴）	at(kgf/cm²)（工程大气压）	atm（标准大气压）	mmH₂O（毫米水柱）	mmHg（毫米汞柱）
$1×10^5$	1	1.01972	0.986923	$1.0972×10^4$	$7.50062×10^2$

2.1.3　静压力的特性

① 液体的压力沿着内法线方向作用于承压面，即静止液体只承受法向压力，不承受剪切力和拉力，否则就破坏了液体静止的条件。

② 静止液体内，任意点处所受到的静压力各个方向都相等。

液压系统中实际流动的液体具有黏性，而且因管道截面积不同或在截面中的位置不同，各点的流速不同，即液体不是处于平衡状态的静止液体。但实测表明，在密闭系统中流动的液体，其压力与受相同外载下静压力的数值相差很小。

2.1.4　压力的传递

压力的传递遵循帕斯卡原理或静压传递原理。作用在密闭容器中的静止液体的一部分上的压力，以相等的压力传递液体的所有部分。

如图 2-2 所示，设小活塞的面积 A_1 与大活塞的面积 A_2 之比为 1：10，在小活塞上施加 1kN 的力，则在大活塞上就有 10kN 的向上推力。至于速度，小活塞的运动速度要为大活塞速度的 10 倍。从行程来说，也是 10 倍。

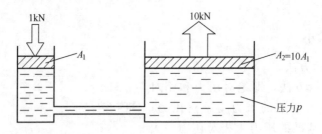

图 2-2　相互连通的容器

2.1.5　工作压力形成

在图 2-3 中，液压泵连续地向液压缸供油，当油液充满后，由于活塞受到外界负载 F 的阻碍作用，使活塞不能向右移动，若液压泵继续强行向液压缸中供油，其挤压作用不断加剧，压力也不断升高，当作用在活塞有效作用面积 A 上的压力升高到足以克服外界负载时，活塞便向右运动，这时系统的压力为 $p = \dfrac{F}{A}$。

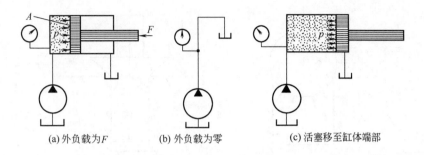

(a)外负载为F (b)外负载为零 (c)活塞移至缸体端部

图 2-3 液压系统压力的形成

如果 F 不再改变，则由于活塞的移动，使液压缸左腔的容积不断增加，这正好容纳了液压泵的连续供油量，此时油液不再受到更大的挤压，因而压力也就不会再继续升高，始终保持相应的 p 值。

如果用压力表实测图 2-3 中（b）和（c）所示的两种情况，则测得如图（b）所示状态时的压力等于零。这是因为此时外界的负载为零（不计管道的阻力），油液的流动没有受到阻碍，因此建立不起压力。在图（c）的情况下，当活塞移至缸体的端部时，由于液压泵连续供油，而液压缸左腔的容积却无法增加，所以系统的压力急剧升高，假如系统没有保护措施，系统的薄弱环节将被破坏。

由上述分析得知，液压系统中的压力，是由于液体受到各种形式的外界载荷的阻碍，使油液受到挤压，其压力的大小决定于外界载荷的大小。

2.1.6 液体静压力对固体壁面的作用力

静止液体和固体壁面相接触时，固体壁面上各点在某一方向上所受静压作用力的总和，就是液体在该方向上作用于固体壁面上的力。

（1）液体静压力对平面的作用力

在液压传动中，略去了液体自重产生的压力，液体中各点的静压力是均匀分布的，且垂直作用于受压表面。当固体壁面为一平面时，平面上各点处的静压力大小相等，作用在固体壁面上的力 F 等于静压力 p 与承压面积 A 的乘积，其作用力方向垂直于壁面，即

$$F = pA \tag{2-3}$$

（2）液体静压力对曲面的作用力

当固体壁面为曲面时，曲面上液压作用力在某方向（如 x 方向）上的总作用力 F_x 等于液体压力 p 和曲面在该方向投影面积 A_x 的乘积，即

$$F_x = pA_x \tag{2-4}$$

例如，如图 2-4 所示为一球面和圆锥面受液体压力作用的情况。球面和圆锥面在垂直方向所受的液体作用力 F 等于曲面在垂直方向的投影面积 A 与压力 p 的积，即

$$F = pA = \frac{p\pi d^2}{4}$$

式中 d——承压部分曲面投影圆的直径。

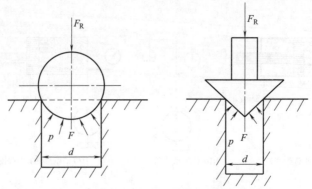

图 2-4　液体静压力对曲面的作用力

2.2　液压传动中的平均流速和流量

2.2.1　流速与流量

液体流动时，若液体中任一点处的压力、速度和密度都不随时间而变化，则这种流动称为恒定流动（称稳定流动或定常流动）。反之，只要压力、速度或密度中有一个随时间变化，就称非恒定流动。

液体在管道中流动时，其垂直于流动方向的截面称为过流断面（或称通流截面）。

（1）平均流速

液压传动是靠流动着的有压液体来传递动力，油液在油管或液压缸内流动的快慢称为流速。由于流动的液体在油管或液压缸的截面上的每一点的速度并不完全相等，因此通常说的流速都是平均流速，用 v 表示，流速单位为 m/s。

（2）流量

单位时间内流过某通流截面的液体的体积称为流量，用 q_V 表示，流量的单位为 m^3/s，工程上也用 L/min（升/分）。

2.2.2　流动连续性方程

液体流动的连续性方程是质量守恒定律在流体力学中的一种具体表现形式。

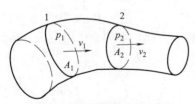

图 2-5　液体在管路中连续流动

如图 2-5 所示，密度为 ρ 的液体，在横截面不同的管路中定常流动时，设 1、2 两个不同的通流截面的面积分别为 A_1 和 A_2，平均流速分别为 v_1 和 v_2，那么，液体流动的连续性方程可表示为

$$v_1 A_1 = v_2 A_2 = 常数 \qquad (2\text{-}5)$$

式（2-5）说明液体在管路中作定常流动时（忽略管路变形），对不可压缩液体，流过各截面的体积流量是相等的（即液流是连续的）。因此在管路中流动的液体，其流速 v 和通流截面面积 A 成反比。

2.2.3　流量与活塞速度

如图 2-6 所示，液压系统中的流量常指通过油管进入液压缸的流量。以流量为

q_V（m^3/s）的液体进入液压缸推动活塞运动，取移动的活塞表面积为有效截面 A（m^2），显然液压缸中的液体流动速度与活塞运动速度相等，且为液体平均流速 v，所以活塞的运动速度为

$$v = q_V/A \qquad (2\text{-}6)$$

当液压缸有效面积一定时，活塞的运动速度决定于输入液压缸的流量。

[**例 2-1**] 如图 2-7 所示，已知入口流量 $q_{V1} = 25L/min$，小活塞杆直径 $d_1 = 20mm$，小活塞直径 $D_1 = 75mm$。大活塞杆直径 $d_2 = 40mm$，大活塞直径 $D_2 = 125mm$，假设没有泄漏，求小活塞和大活塞的运动速度 v_1、v_2。

解 根据液流流量与流速的关系 $q_V = vA$，活塞运动速度 v_1、v_2 分别为

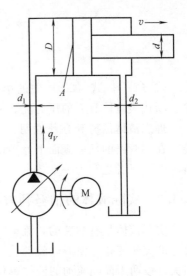

图 2-6 简单液压系统

$$v_1 = \frac{q_{V1}}{A_1} = \frac{q_{V1}}{\frac{\pi}{4}D_1^2 - \frac{\pi}{4}d_1^2} = \frac{25 \times 10^3}{60 \times \left[\frac{\pi}{4}(0.075^2 - 0.02^2)\right]} = 0.102(m/s)$$

$$v_2 = \frac{q_V}{A_2} = \frac{\frac{\pi}{4}D_1^2 v_1}{\frac{\pi}{4}D_2^2} = \frac{0.075^2 \times 0.102}{0.125^2} = 0.037(m/s)$$

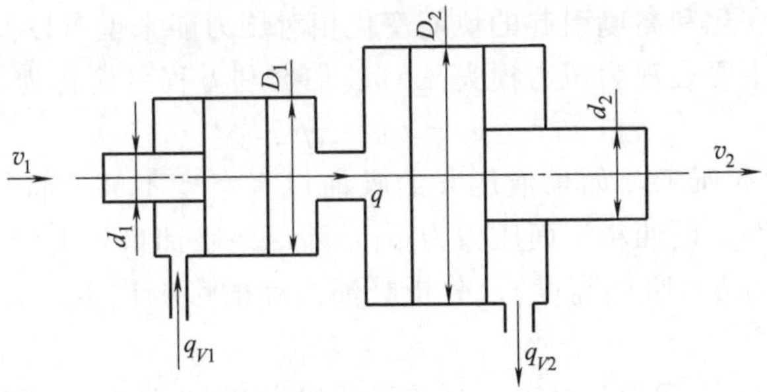

图 2-7 活塞速度计算

2.3 伯努利方程

伯努利方程是能量守恒定律在流体力学中的一种具体表现形式。研究液体流动时必须考虑到黏性的影响，这使问题相当复杂，所以在开始分析时，可以假设液体没有黏性，寻找出液体流动的基本规律后，再考虑黏性作用的影响，并通过实验验证的办法对所得出的结论进行补充或修正。对液体的可压缩性问题也可以用这种方法处理。

一般把既无黏性又不可压缩的假想液体称为理想液体，而把实际上既有黏性又可压缩的液体称为实际液体。

2.3.1 理想液体的伯努利方程

理想流体的伯努利方程标示为式（2-7）式（2-8）的形式：

$$\frac{1}{2}\rho v_1^2 + \rho g h_1 + p_1 = \frac{1}{2}\rho v_2^2 + \rho g h_2 + p_2 \tag{2-7}$$

$$\frac{1}{2}\rho v^2 + \rho g h + p = 常数 \tag{2-8}$$

式（2-7）、式（2-8）中的第一项代表液体具有的动能，第二项代表液体具有的位能，第三项代表液体具有的压力能。

理想液体伯努利方程说明：理想液体作定常流动时具有三种能量：动能、位能和压力能。在同管路的任一截面上，动能、位能和压力能三种能量之间可以相互转化，但总能量保持不变，三者之和为一常数。

2.3.2 实际液体的伯努利方程

实际液体是有黏性的，流动时会因内部摩擦而产生能量损耗。另外，管路的局部形状和尺寸的突然变化，使液体流动受到扰动，也会产生能量损耗。因此，实际液体流动时有能量损失。设两断面间流动的液体单位重量的能量损失为 h_w。

另外，在推导理想流体伯努利方程时，认为通流截面的各点流速相等，但实际并非如此。因此，对动能部分引入修正系数 α_1、α_2 进行相应修正。这样，实际液体伯努利方程可表示为

$$\frac{1}{2}\alpha_1\rho v_1^2 + \rho g h_1 + p_1 = \frac{1}{2}\alpha_2\rho v_2^2 + \rho g h_2 + p_2 + \Delta h_w \tag{2-9}$$

在液压传动系统中，管路中的压力常为十几个到几百个大气压，而大多数情况下管路中液压油的流速不超过 6m/s，管路安装高度变化也不超过 5m。因此，在液压传动系统中，液压油流速引起的动能变化和高度引起的位能变化相对压力能来说可以忽略不计，这样，液压传动系统的能量损失主要表现为压力损失 Δp_w。伯努利方程可简化为

$$p_1 - p_1 = \Delta p_w \tag{2-10}$$

[例 2-2]　如图 2-8 所示，如果液压泵的吸油口真空度不够，将导致液压泵吸油不足，影响液压系统正常工作。设油箱液面压力为 p_1，液压泵吸油口处的绝对压力为 p_2，泵吸油口距油箱液面的高度为 h（吸油高度）。分析吸油高度的影响因素，并计算液压泵吸油口的真空度。

解　以油箱液面 1—1 截面为基准，泵的吸油口为 2—2 截面。对该两个截面建立实际液体的伯努利方程，则有：

$$p_1 + \frac{1}{2}\rho\alpha_1 v_1^2 + \rho g h_1 = p_2 + \frac{1}{2}\rho\alpha_2 v_2^2 + \rho g h_2 + \Delta p_w$$

考虑到如下情况。

① 油箱液面与大气接触，故 p_1 为大气压力，即 $p_1 = p_a$。

② v_1 为油箱液面下降速度，由于 v_1 远远小于 v_2，可近似为 $v_1 = 0$。

③ $h_1 = 0$，$h_2 = h$。

④ 泵吸油口处液体的流速 v_2 等于液体在吸油管内的流速。

⑤ Δp_w 为吸油管路的能量损失。

因此，上式可简化为

$$p_a = p_2 + \frac{1}{2}\rho\alpha_2 v_2^2 + \rho g h + \Delta p_w$$

所以，泵的吸油高度 h 和真空度 $p_a - p_2$ 如下：

$$h = \frac{p_a}{\rho g} - \left(\frac{p_2}{\rho g} + \frac{\alpha v_2^2}{2g} + \frac{\Delta p_w}{\rho g} \right)$$

$$p_a - p_2 = \frac{1}{2} \rho \alpha_2 v_2^2 + \rho g h + \Delta p_w$$

由此可见，泵的吸油高度与以下因素有关。

① 减小油压力 p_2 可以增大吸油高度，但吸油压力 p_2 越小，吸油空真空度越大，当 p_2 小到空气分离压力时，就会产生气穴，引起噪声。因此，为避免泵的吸油口产生气穴，泵的安装高度不能过高。

② 加大吸油管直径，降低流速 v_2 可减少动能的损失，从而增加吸油高度。

③ 减少液压流动中的压力损失，也能增加吸油高度。

为确保液压泵吸油充分，一般要求液压泵安装高度 $h < 0.5\text{m}$。

液压泵吸油口处的真空度体现了液压泵的吸油能力，由三部分组成：把油液提升到高度 h 所需的压力，将静止液体加速到 v_2 所需的压力，吸油管路的压力损失。

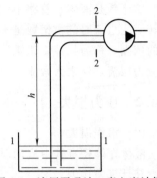

图 2-8　液压泵吸油口真空度计算

2.4　液压系统中的压力损失

实际液体具有黏性，在管道中流动就会产生阻力，这种阻力叫液阻。液体在管道中流动时，一方面必须多克服液阻，另一方面也要抗拒各阀门等元件的干扰，因此产生能量消耗。在液压传动系统中这一能量消耗主要表现为压力损失。

2.4.1　流动状态

压力损失的计算与液体在管道中的流动状态有关。

（1）层流

层流是指液体流动时，液体质点没有横向运动，互不混杂，呈线状或层状的流动。

（2）紊流

紊流是指液体流动时，液体质点有横向运动（或产生小旋涡），做混杂紊乱状态的运动。

层流和紊流是两种不同的流态。层流时，液体的流速低，液体质点受黏性约束，不能随意运动，黏性力起主导作用，液体的能量主要消耗在液体之间的摩擦损失上。紊流时，液体的流速较高，黏性的制约作用减弱，惯性力起主导作用，液体的能量主要消耗在动能损失上。

（3）雷诺数

液体在圆形管路中的流动状态不仅与管内的平均流速 v 有关，还与管路的直径 d、液体的运动黏度 ν 有关。实际上，液体流动状态是由一个叫做雷诺数（Re）的参数所决定的。

$$Re = \frac{vd}{\nu} \tag{2-11}$$

式中　d——管道直径，m；

v——液体流动速度，m/s；

ν——液体的运动黏度，m^2/s。

雷诺数的物理意义：雷诺数是液流的惯性作用对黏性作用的比。当雷诺数较大时，说明惯性力起主导作用，这时液体处于紊流状态；当雷诺数较小时，说明黏性力起主导作用，这时液体处于层流状态。

雷诺数是液体在管路中流动状态的判别依据。液流由层流转变为紊流时的雷诺数和由紊流转变为层流时的雷诺数是不相同的，后者的数值要小，所以一般都用后者作为判断液流状态的依据，称为临界雷诺数，记作 Re_c。当液流的实际雷诺数 Re 小于临界雷诺数 Re_c 时，液流为层流，反之为紊流。

2.4.2　压力损失

（1）沿程损失

液体在等径直管中流动时，由于液体内部的摩擦力而产生的能量损失称为沿程压力损失，其计算公式为

$$\Delta p_{沿} = \lambda \rho \frac{l}{d} \frac{v^2}{2} \tag{2-12}$$

式中　λ——沿程阻力系数；

ρ——液体的密度；

l——管道长度；

d——管道的内径；

v——液体的流速。

式（2-12）表明，油液在直管中流动时的沿程损失与管长成正比，与管子内径成反比，与流速的平方成正比。管道越长，管径越细，流速越高，则沿程阻力损失越大。

（2）局部损失

液体流过弯头、各种控制阀门、小孔、缝隙或管道面积突然变化等局部阻碍时，会因流速、流向的改变而产生碰撞、旋涡等现象而产生的压力损失称为局部压力损失，其计算公式为

$$\Delta p_{局} = \xi \frac{\rho v^2}{2} \tag{2-13}$$

式（2-13）表明，局部压力损失与流速的平方成正比。ξ 为局部压力损失系数。

（3）管路系统的总压力损失

整个管路系统的总压力损失，等于管路系统中所有的沿程压力损失和所有的局部压力损失之和，即

$$\sum \Delta p = \sum \Delta p_{沿} + \sum p_{局} \tag{2-14}$$

压力损失涉及的参数众多，计算烦琐复杂，在工厂很少计算。实践中多采用近似估算的办法。将泵的工作压力取为油缸工作压力的 1.3～1.5 倍，系统简单时取较小值，系统复杂时取较大值。

（4）减小压力损失的措施

管路系统的压力损失使功率损耗，油液发热，泄漏增加，降低系统性能和传动效率。因此，在设计和安装时要尽量注意减小，常见措施如下。

① 缩短管道，减小截面变化和管道弯曲。

② 管道截面要合理，以限制流速，一般情况下的流速为吸油管小于 1m/s；压油管为 2.5～5m/s，回油管小于 2.5m/s。

③ 管道内壁力求光滑。

④ 选用黏度合适的润滑油。

（5）压力损失的危害及可利用之处

管路总的压力损失增大，势必会降低系统的效率，增加能量消耗。而这些损耗的能量大部分转换为热能，使油液的温度上升，泄漏量加大，影响液压系统的性能，甚至可能使油液氧化而产生杂质，造成管道或阀口堵塞而使系统发生故障。

在液压系统中，流动液体的压力损失尽管对系统的效率、泄漏和工作性能有不良影响，但是只要在管路的设计和安装时予以充分考虑，完全可以把它控制在较小的数值范围内。实际上，一个设计正确的液压系统的压力损失和系统使用的工作压力相比，数值是很小的，它并不影响对液压传动工作原理的分析。压力损失也具有两面性，利用它可以对液压系统的工作进行有效的控制，确切地说，阻力效应是许多液压元件工作原理的基础。溢流阀、减压阀、节流阀都是利用小孔及缝隙的液压阻力来进行工作的，而液压缸的缓冲也是依赖缝隙的阻尼作用。

2.5　液压冲击和气穴现象

2.5.1　液压冲击

在液压系统中，常常由于某些原因而使液体压力突然急剧上升，形成很高的压力峰值，这种现象称液压冲击。

（1）液压冲击产生的原因

在阀门突然关闭或液压缸快速制动等情况下，液体在系统中的流动会突然受阻。这时，由于液流的惯性作用，液体就从受阻端开始，迅速将动能逐层转换为压力能，因而产生了压力冲击波；此后，又从另一端开始，将压力能逐层转化为动能，液体又反向流动；然后，又再次将动能转换为压力能，如此反复地进行能量转换。由于这种压力波的迅速往复传播，便在系统内形成压力振荡。实际上，由于液体受到摩擦力以及液体和管壁的弹性作用，不断消耗能量才使振荡过程逐渐衰减而趋向稳定。

（2）液压冲击的危害

系统中出现液压冲击时，液体瞬时压力峰值可以比正常工作压力大几倍。液压冲击会损坏密封装置、管道或液压元件，还会引起设备振动，产生很大噪声。有时，液压冲击使某些液压元件如压力继电器、顺序阀等产生误动作，影响系统正常工作。

（3）减小液压冲击的主要措施

① 延长阀门关闭和运动部件制动换向的时间。实践证明，运动部件制动换向时间若能大于 0.2s，冲击就大为减轻。在液压系统中采用换向时间可调的换向阀就可做到这一点。

② 限制管道流速及运动部件速度。例如在机床液压系统中，通常将管道流速限制在 4.5m/s 以下，液压缸所驱动的运动部件速度一般不宜超过 10m/min 等。

③ 适当加大管道直径，尽量缩短管路长度。必要时还可在冲击区附近安装蓄能器等缓冲装置来达到此目的。

④ 采用软管，以增加系统的弹性。

2.5.2　气穴

在流动的液体中，液压油中总是含有一定量的空气。空气可以溶解在液压油中，有时也以气泡的形式混合在液压油中。如果液压系统某处的压力低于空气分离压时，原先溶解在液体中的空气就会分离出来，从而导致液体中出现大量的气泡，这种现象称为气穴现象。如果液体中的压力进一步降低到饱和蒸气压力时，液体将迅速汽化，产生大量蒸气泡，使气穴现象更加严重。

当液压系统中出现气穴现象时，大量的气泡破坏了液流的连续性，造成流量和压力脉动，气泡随液流进入高压区时又急剧破灭，以致引起局部液压冲击，发出噪声并引起振动，当附着在金属表面上的气泡破灭时，所产生的局部高温和高压会使金属剥蚀，这种由气穴造成的腐蚀作用称为气蚀。

为减少气穴和气蚀的危害，通常采取下列措施。

① 减小小孔或缝隙前后的压力降。

② 降低泵的吸油高度，适当加大吸油管内径，限制吸油管流速，尽量减少吸油管路中的压力损失（如及时清洗过滤器）。

③ 提高液压零件的抗汽蚀能力，采用抗腐蚀能力强的金属材料。

思考题

1. 液体静压力如何传递？
2. 试述液压传动的压力的形成。
3. 压力损失如何分类？如何减小压力损失？
4. 什么叫压力冲击？如何减小压力冲击？
5. 什么叫气穴？如何减小气穴影响？

3 液压油

液压油是液压传动系统中用来传递能量的液体工作介质。除了传递能量外，它还起着液压、润滑、冷却、保护（防锈）、密封、清洁、减振七大作用。液压系统能否可靠有效地工作，在一定程度上取决于液压油的性能。特别是在液压元件已定型的情况下，液压油的性能与正确应用则成为首要问题。

3.1 液体的物理性质

3.1.1 液体的密度

液体单位体积内的质量称为密度，通常用符号 ρ 来表示：

$$\rho = \frac{m}{V} \tag{3-1}$$

式中　m——液体的质量，kg；

　　　V——液体的体积，m³。

液压油的密度随压力的增加而加大，随温度的升高而减小，但变化幅度很小。在常用的压力和温度范围内可近似认为其值不变。

3.1.2 液体的黏度

（1）液体的黏度

液体在外力作用下流动时，液体分子间的内聚力会阻碍其产生相对运动，即在液体内部的分子间产生了内摩擦力。这种在流动的液体内部产生的摩擦力的性质，称为液体黏性。静止液体不呈现黏性。黏性是液体的重要物理性质，是选择液压油的重要依据。

液体黏性的大小用黏度来度量。黏度大，液层间内摩擦力就大，油液就"稠"；反之，油液就"稀"。液压传动中常用的油液黏度有动力黏度、运动黏度和相对黏度。

液体黏性的大小用黏度来表示。常用的液体黏度表示方法有三种，即动力黏度、运动黏度和相对黏度。

① 动力黏度 μ。动力黏度又称为绝对黏度，可以表示为式（3-2）。

$$\mu = \tau \frac{\mathrm{d}y}{\mathrm{d}u} = \frac{\tau}{\dfrac{\mathrm{d}u}{\mathrm{d}y}} \tag{3-2}$$

液体动力黏度的物理意义是：液体在单位速度梯度下流动或有流动趋势时，相接触的液层间单位面积上产生的内摩擦力。动力黏度的法定计量单位为 Pa·s（1Pa·s=1N·s/m²）。

② 运动黏度 ν。液体的动力黏度 μ 与其密度 ρ 的比值称为液体的运动黏度，即

$$\nu = \frac{\mu}{\rho} \tag{3-3}$$

液体的运动黏度没有明确的物理意义，因为理论分析和计算中常用到 μ 与 ρ 的比，为方便起见用 ν 表示。运动黏度的计量单位为 m^2/s（因为其单位有长度和时间的量纲，类似于运动学的量所以被称为运动黏度），以前沿用的单位为 St（斯），$1m^2/s = 10^4 St = 10^6 cSt$（厘斯）。

我国液压油的牌号是用温度为 40℃时的运动黏度的平均值来表示的。例如 32 号液压油就是指其在 40℃时的运动黏度平均值为 $32mm^2/s$。

③ 相对黏度。动力黏度和运动黏度是理论分析和计算时使用的黏度，但两者均难以直接测量。因此，工程上常使用相对黏度。相对黏度又称为条件黏度，是采用特定的黏度计在规定的条件下测量出来的黏度。

用相对黏度计测量出相对黏度后，再根据相应的关系式换算出运动黏度或动力黏度。中国、德国、前苏联等国家采用的相对黏度是恩氏度 $°E_t$。

恩氏黏度用恩氏黏度计测定。其方法是：将 200mL 温度为 t（℃）的被测液体装入恩氏黏度计的容器内，测出液体经容器底部直径为 2.8mm 的小孔流尽所需时间 t_1。再测出 200mL 温度为 20℃的蒸馏水在同一黏度计流尽所需时间 t_2。这两个时间的比值 t_1/t_2 即为被测液体在温度 t（℃）下的恩氏黏度。

$$°E = \frac{t_1}{t_2} \tag{3-4}$$

一般以 20℃、40℃及 100℃作为测定液体恩氏黏度的标准温度，其相应的恩氏黏度分别用 $°E_{20}$、$°E_{40}$ 和 $°E_{100}$ 表示。

恩氏黏度与运动黏度之间的换算关系式为

$$\nu = \left(7.31°E_t - \frac{6.31}{°E_t}\right) \times 10^{-6} \tag{3-5}$$

式中，ν 的单位为 m^2/s。

(2) 液体黏度与压力及温度的关系

液体的黏度随其压力增大而增大。但在一般液压系统的压力范围内，黏度增大的值很小，可忽略不计。

液压油的黏度对温度的变化十分敏感，如图 3-1 所示。温度升高，黏度显著下降，液压油的这种性质称为黏温特性。液压油的种类不同其黏温特性也不同，黏温特性好的液压油，黏度随温度的变化较小。黏温特性通常用黏度指数（VI）表示，黏度指数高，黏温曲线平缓，黏温特性好。一般液压油的黏度指数要求在 90 以上。

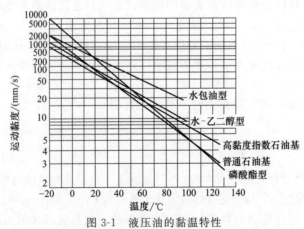

图 3-1　液压油的黏温特性

3.1.3 液体的可压缩性

液体受压力作用而体积减小的性质称为液体的可压缩性，液压油具有可压缩性，即受压后其体积会发生变化。液压油可压缩性的大小用液体的体积压缩系数 κ 来表示，其表达式为

$$\kappa = -\frac{1}{\Delta p} \times \frac{\Delta V}{V} \tag{3-6}$$

式中　Δp——液压油所受压力的变化量，Pa；

　　　ΔV——压力变化时液压油体积变化量，m^3；

　　　V——压力变化前液压油的体积，m^3。

因为压力增大时液体的体积减小，所以上式的右边加一负号，以便使液体的体积压缩系数 κ 为正值。

液压油的可压缩性对液压传动系统的动态性能影响较大，但当液压传动系统在静态（稳态）下工作时，一般可以不考虑液体的压缩性的影响。

3.1.4 液压油的其他性质

液压油还有其他一些物理化学性质，如抗燃性、抗凝性、抗氧化性、抗泡沫性、抗乳化性、防锈性、润滑性、导热性、相容性（主要是指对密封材料不侵蚀、不溶胀的性质）以及纯净性等，都对液压系统工作性能有重要影响。

3.2　液压油的类型和选择

3.2.1　液压油的类型

液压油的品种很多，主要分为三大类型：矿油型、乳化型和合成型。液压油的主要品种及其特性和用途见表 3-1。

表 3-1　液压油的主要品种及其特性和用途

类型	名　称	ISO 代号	特性和用途
矿油型	普通液压油	L-HL	精制矿油加添加剂,提高抗氧化和防锈性能,适用于室内一般设备的中低压系统
	抗磨液压油	L-HM	L-HL 油加添加剂,改善抗磨性能,适用于工程机械、车辆液压系统
	低温液压油	L-HV	L-HM 油加添加剂,改善黏温特性,可用于环境温度在 $-20 \sim -40℃$ 的高压系统
	高黏度指数液压油	L-HR	L-HL 油加添加剂,改善黏温特性,VI 值达 175 以上,适用于对黏温特性有特殊要求的低压系统,如数控机床液压系统
	液压导轨油	L-HG	L-HM 油加添加剂,改善黏滑性能,适用于机床中液压和导轨润滑合用的系统
	全损耗系统油	L-HH	浅度精制矿油,抗氧化性、抗泡沫性较差,主要用于机械润滑,可做液压代用油,用于要求不高的低压系统
	汽轮机油	L-TSA	深度精制矿油加添加剂,改善抗氧化、抗泡沫等性能,为汽轮机专用油,可做液压代用油,用于一般液压系统

续表

类型	名 称	ISO 代号	特性和用途
乳化型	水包油乳化液	L-HFA	又称高水基液,特点是难燃、黏温特性好,有一定的防锈能力,润滑性差,易泄漏。适用于有抗燃要求、油液用量大且泄漏严重的系统
	油包水乳化液	L-HFB	既具有矿油型液压油的抗磨、防锈性能,又具有抗燃性,适用于有抗燃要求的中压系统
合成型	水-乙二醇液	L-HFC	难燃,黏温特性和抗蚀性好,能在−30~60℃温度下使用,适用于有抗燃要求的中低压系统
	磷酸酯液	L-HFDR	难燃,润滑抗磨性能和抗氧化性能良好,能在−54~135℃温度范围内使用;缺点是有毒。适用于有抗燃要求的高压精密液压系统

矿油型液压油润滑性和防锈性好,黏度等级范围较宽,因而在液压系统中应用很广。据统计,目前有 90% 以上的液压系统采用矿油型液压油作为工作介质。

矿油型液压液是以精炼后的机械油为基料,按需要加入适当的添加剂而制成。添加剂一般有两类:一类是用来改善油液化学性质的,如抗氧化剂、防锈剂等。另一类是用来改善液压油物理性质的,如增黏剂、抗磨剂等。

矿物油型液压油润滑性好,但抗燃性差。在一些高温、易燃、易爆的工作场合,为了安全起见,应该在液压系统中使用难燃性液体,如水包油、油包水等乳化液,或水-乙二醇、磷酸酯等合成液,以满足耐高温、热稳定、不腐蚀、无毒、不挥发、防火等要求。

3.2.2 液压油的使用要求

不同的液压传动系统、不同的使用条件对液压油的要求也不相同。一般液压传动系统的液压油应满足下列要求。

① 合适的黏度,润滑性能好,具有较好的黏温特性。

② 质地纯净、杂质少,对金属和密封件有良好的相容性。

③ 对高温、氧化、水解和剪切有良好的稳定性。

④ 抗泡沫性、抗乳化性和防锈性好,腐蚀性小。

⑤ 体积膨胀系数小,比热容大,流动点和凝固点低,闪点和燃点高。

⑥ 对人体无害,对环境污染小,成本低。

3.2.3 液压油的选择

液压油的选用,首先应根据液压传动系统的工作环境和工作条件选择合适的液压油类型,然后再选择液压油的黏度。

(1) 环境条件

① 环境温度。主要指热区、寒区、北方、南方、室内、室外等。环境温度与液压泵的启动温度有关系,而泵的启动温度又与油的低温黏度有关系。在低温下要使液压泵顺利启动,应选用在该温度下低温黏度小的液压油。

② 环境恶劣程度。主要指潮湿(包括有无水接触)、航海、野外作业和温差等。这些条件主要与液压油的防锈性、黏度指数和抗乳化度等指标有密切关系。

③ 有无靠近火源、易爆气体或高温(300~400℃)设备。这主要是考虑应选择矿油型油还是难燃型液。

(2) 工作条件

① 液压泵类型、工作压力、工作油温、油箱中有无加热或冷却设备。液压泵类型与其工作压力相比主要考虑液压泵的工作压力。凡是中、高压液压系统，必须选用具有良好抗磨性的液压油（液）。工作油温越高、油的变质倾向越大，应选用具有良好氧化安定性的油。如果油箱中有加热装置，则对油的低温黏度指标要求可放宽些，也不一定选用低温液压油（寒区和严寒区除外）。若油箱中有冷却设备，油温不高，则可适当延长换油期。

② 液压泵的金属材料。这里特别是指柱塞泵（钢对青铜合金摩擦副）应选用高档抗磨型液压油，即应选用抗氧化性、过滤性、水解安定性等指标优良的抗磨型液压油。对于柱塞头镀银的液压泵，应选用对银腐蚀试验合格的抗银液压油或抗氧防锈型液压油。

（3）其他

应考虑伺服阀间隙的大小，是否为开环系统数控机床、液压设备新旧程度、换油期和维修期长短，密封和涂料材料，经济性（油价和管理方便），毒性、有无与食品接触等。

在液压传动系统中，液压泵的工作条件最为严峻。一般根据液压泵的要求确定液压油的黏度，并使泵和系统在液压油的最佳黏度范围内工作。对各种不同的液压泵，在不同的工作压力和工作温度下，液压油的推荐黏度范围及用油见表 3-2。

表 3-2　液压泵的推荐用油及黏度范围表

名称	黏度范围/(mm^2/s)		工作压力/MPa	工作温度/℃	推荐用油
	允许	最佳			
叶片泵(1200r/min) 叶片泵(1800r/min)	16～220 20～220	26～54 25～54	7	5～40	L—HH32 L—HH46
				40～80	l—HH46 L—HH68
			14 以上	5～40	L—HL32 L—HL46
				40～80	L—HL46 L—HL68
齿轮泵	4～220	25～54	12.5 以下	5～40	L—HL32 L—HL46
				40～80	L—HL46 L—HL68
			10～20	5～40	L—HL46 L—HL68
				40～80	L—HM46 L—HM68
			16～32	5～40	L—HM32 L—HM68
				40～80	L—HM46 l—HM68
径向柱塞泵 轴向柱塞泵	10～65 4～76	16～48 16～47	14～35	5～40	l—HM32 l—HM46
				40～80	L—HM46 l—HM68
			35 以上	5～40	L—HM32 L—HM68
				40～80	l—HM68 L—HM100
螺杆泵	19～49		10.5 以上	5～40	L—HL32 L—HL46
				40～80	L—HL46 L—HL68

3.3　液压油的污染及控制

在从事液压技术的工作实践中，人们总结出一句名言——80％的故障来源于液压油和液压系统中的污染。可见液压油的污染对液压系统的性能和可靠性有很大影响，故应高度重视液压油的污染问题，并对此加以严格控制。

3.3.1　污染的危害

液压油被污染指的是液压油中含有水分、空气、微小固体颗粒及胶状生成物等杂质。液压油污染对液压系统造成的主要危害如下。

① 固体颗粒和胶状生成物堵塞过滤器，使液压泵运转困难，产生噪声；堵塞阀类元件小孔或缝隙，使阀动作失灵。

② 微小固体颗粒会加速零件磨损，使元件不能正常工作；同时，也会擦伤密封件，使泄漏增加。

③ 水分和空气的混入会降低液压油的润滑能力，并使其氧化变质；产生气蚀，使元件加速损坏；使液压系统出现振动、爬行等现象。

3.3.2　污染的原因与控制

液压系统油液中的污染物来源是多方面的，可概括为系统内部固有的，工作中外界侵入的和内部生成的。为了有效地控制污染，必须针对一切可能的污染源采取必要的控制措施。表 3-3 归纳了可能的污染源及相应的控制措施。

表 3-3　污染源与控制措施

污　染　源		控　制　措　施
固有污染物	液压元件加工装配残留污染物	元件出厂前清洗，使达到规定的清洁度。对受污染的元件在装入系统前进行清洗
	管件、油箱残留污染物及锈蚀物	系统组装前对管件和油箱进行清洗(包括酸洗和表面处理)，使达到规定的清洁度
	系统组装过程中残留污染物	系统组装后进行循环清洗，使达到规定的清洁度要求
外界侵入污染物	更换和补充油液	对新油进行过滤净化
	油箱呼吸孔	采用密闭油箱，安装空气滤清器和干燥器
	液压缸活塞杆	采用可靠的活塞杆防尘密封，加强对密封的维护
	维护和检修	保持工作环境和工具的清洁； 彻底清除与工作油液不相容的清洗液或脱脂剂； 维修后循环过滤，清洗整个系统
	侵入水	油液除水处理
	侵入空气	排放空气，防止油箱内油液中气泡吸入泵内
内部生成污染物	元件磨损产物(磨粒)	过滤净化，滤除尺寸与元件关键运动副油膜厚度相当的颗粒污染物，制止磨损的链式反应
	油液氧化产物	去除油液中水和金属微粒(对油液氧化起强烈的催化作用)，控制油温，抑制油液氧化

3.3.3 污染度等级

油液污染度是指单位体积油液中固体颗粒污染物的含量，即油液中固体颗粒污染物的浓度。对于其他污染物，如水和空气，则用水含量和空气含量来表述。油液污染度是评定油液污染程度的一项重要指标。

目前油液污染度主要采用以下两种表示方法。

① 质量污染度：单位体积油液中所含固体颗粒污染物的质量，一般用 mg/L 表示。

② 颗粒污染度：单位体积油液中所含各种尺寸的颗粒数。颗粒尺寸范围可用区间表示，如 $5\sim15\mu m$、$15\sim25\mu m$ 等；也可用大于某一尺寸表示，如 $>5\mu m$、$>15\mu m$ 等。

质量污染度表示方法虽然比较简单，但不能反映颗粒污染物的尺寸及分布，而颗粒污染物对元件和系统的危害作用与其颗粒尺寸分布及数量密切相关，因而随着颗粒计数技术的发展，目前已普遍采用颗粒污染度的表示方法。

目前常用的污染度等级标准有两个：一个是 ISO 4406 油液污染度等级国际标准；另一个是美国 NAS 1638 油液污染度等级标准。

ISO 4406 等级标准用两个代号表示油液的污染度，前面的代号表示 1mL 油液中尺寸大于 $5\mu m$ 颗粒数的等级，后面的代号表示 1mL 油液中尺寸大于 $15\mu m$ 颗粒数的等级，两个代号间用一斜线分隔。代号的含义如表 3-4 所示。例如，等级代号为 19/16 的液压油，表示它在 1mL 内尺寸大于 $5\mu m$ 的颗粒数在 $2500\sim5000$ 之间，尺寸大于 $15\mu m$ 的颗粒数在 $320\sim640$ 之间。这种双代号标志法说明实质性工程问题是很科学的，因为 $5\mu m$ 左右的颗粒对堵塞液压元件缝隙的危害性最大，而大于 $15\mu m$ 的颗粒对液压元件的磨损作用最为显著，用它们来反映油液的污染度最为恰当，因而这种标准得到了普遍采用。

表 3-4 ISO 4406 污染度等级标准

1mL 油液中的颗粒数	等级代号	1mL 油液中的颗粒数	等级代号	1mL 油液中的颗粒数	等级代号
>5000000	30	$>2500\sim5000$	19	$>1.3\sim2.5$	8
$>2500000\sim5000000$	29	$>1300\sim2500$	18	$>0.64\sim1.3$	7
$>1300000\sim2500000$	28	$>640\sim1300$	17	$>0.32\sim0.64$	6
$>640000\sim1300000$	27	$>320\sim640$	16	$>0.16\sim0.32$	5
$>320000\sim640000$	26	$>160\sim320$	15	$>0.08\sim0.16$	4
$>160000\sim320000$	25	$>80\sim160$	14	$>0.04\sim0.08$	3
$>80000\sim160000$	24	$>40\sim80$	13	$>0.02\sim0.04$	2
$>40000\sim80000$	23	$>20\sim40$	12	$>0.01\sim0.02$	1
$>20000\sim40000$	22	$>10\sim20$	11	$\leqslant0.01$	0
$>10000\sim20000$	21	$>5\sim10$	10		
$>5000\sim10000$	20	$>2.5\sim5$	9		

美国 NAS 1638 污染度等级标准如表 3-5 所示。它以颗粒浓度为基础，按 100mL 油液中在给定的 5 个颗粒尺寸区间内的最大允许颗粒数划分为 14 个等级，最清洁的为 00 级，污染度最高的为 12 级。

表 3-5 NAS 1638 污染度等级标准

尺寸范围/μm	污染度等级													
	00	0	1	2	3	4	5	6	7	8	9	10	11	12
	每 100mL 油液中所含颗粒的数目													
$5\sim15$	125	250	500	1000	2000	4000	8000	16000	32000	64000	128000	256000	512000	1024000
$15\sim25$	22	44	89	178	356	712	1425	2850	5700	11400	22800	45600	91200	182400
$25\sim50$	4	8	16	32	63	126	253	506	1012	2025	4050	8100	16200	32400
$50\sim100$	1	2	3	6	11	22	45	90	180	360	720	1440	2880	5760
>100	0	0	1	1	2	4	8	16	32	64	128	256	512	1024

为有效控制液压系统的污染，保证液压系统的工作可靠性和液压元件的使用寿命，国家制定的典型液压元件和液压系统清洁度等级见表 3-6 和表 3-7。

表 3-6 典型液压元件清洁度等级

液压元件类型	优等品	一等品	合格品	液压元件类型	优等品	一等品	合格品
各种类型液压泵	16/13	18/15	19/16	活塞和活塞缸	16/13	18/15	19/16
一般液压阀	16/13	18/15	19/16	摆动缸	17/4	19/16	20/17
伺服阀	13/10	14/11	15/12	液压蓄能器	16/13	18/15	19/16
比例控制阀	14/11	15/12	16/13	过滤器	15/12	16/13	17/14
液压马达	16/13	18/15	19/16				

表 3-7 典型液压系统清洁度等级

液压系统类型	清 洁 度 等 级										
	12/9	13/10	14/11	15/12	16/13	17/14	18/15	19/16	20/17	21/18	22/19
对污染敏感的系统	—	—	—								
伺服系统	—	—	—	—							
高压系统			—	—	—						
中压系统					—	—	—		—	—	
低压系统							—	—			
低敏感系统								—	—	—	—
数控机床液压系统					—	—					
机床液压系统						—	—				
一般机械液压系统							—	—			
行走机械液压系统								—	—		
重型机械液压系统								—	—		
重型和行走设备液压系统									—	—	—
冶金轧钢设备液压系统					—	—	—				

3.4 液压油的使用及管理

3.4.1 液压油保管

液压油的存放与保管主要应该注意以下问题。

（1）在清洁处存放

要在清洁处存放油液。如果油液已被弄脏，最简单的办法是从容器上部抽取油液并用一个清洁、干燥、与油液相容的过滤器（不是活性土型）过滤之。然后废弃已被污染的底部油液。或者，如果有设备，可以让脏油通过一个离心分离机来去除脏物。输送油液的任何器物在使用之前都要清洗干净。

（2）保持干燥

液压油中主要通过空气中水蒸气的凝结而混入水分，过多的水会毁掉油液。最好定期给油箱放水。如果有设备，也可以用过滤器或离心机脱水。

（3）油桶存储方法

① 油桶宜以侧面存放且借助木质垫板或滑行架保持底面清洁，以防腐蚀、锈蚀。

② 油桶以侧面放置在适当高度的木质托架上，用排油龙头排放油液。排油龙头下应备有集液槽。

③ 桶直立放置，借助于手动泵汲取油液。

（4）油箱存储方法

当油液存储量较多时，可以采用油箱。油液在大容器中存储时，很可能产生冷凝水，并与精细的灰尘结合在灌底形成一层淤泥。因此，油箱底应设计为倾斜面，并在底面设计排泄孔与油塞，以便定期排除。有条件时，还应制定油箱储油日常净化保养制度。

（5）定期检查油液

一些成套的仪器和试剂可以用于在现场评定油液状态，也可以把油样送到实验室去评定。然而，有些油液变质的简单迹象，如颜色变深，透明度下降，产生异味，或油样中出现粗渣之类，可直接观察评定。

3.4.2　液压油使用

合理使用液压油的要点如下。

① 换油前液压系统要清洗，液压系统首次使用液压油前，必须彻底清洗干净，在更换同一品种液压油时，也要用新换的液压油冲洗 1～2 次。

② 液压油不能随意混用。如已确定选用某一牌号液压油则必须单独使用。未经液压设备生产制造厂家同意和没有科学根据时，不得随意与不同黏度牌号液压油，或是同一黏度牌号但不是同一厂家的液压油混用，更不得与其他类别的油混用。

③ 确保液压系统密封的良好。使用液压油的液压系统必须保持严格的密封，防止泄漏和外界各种尘杂水液介质混入。

④ 根据换油指标及时更换液压油。对液压设备中的液压油应定期取样化验，一旦油中的理化指标达到换油指标后（单项达到或几项达到）就要换油。

3.4.3　废油再生

废油再生指排除使油液报废的因素，延长液压油液的寿命。废油再生的方法很多，要根据废油的性状及再生油的用途（做液压油、切削油还是润滑油）来确定。

废油再生方法如下。

① 过滤。是让油液流过滤材以去除杂质的方法，过滤时适当提高温度可以改善过滤效果，但会促进氧化劣化产物，添加剂分解产物等有机杂质的溶解从而影响它们的清除。

② 吸附。是用活性白土、活性铝矾土、活性炭等吸附液压油的劣化产生、分解产物等而将它们清除的方法。

③ 静电分离。是让油液流过加有直流高电压的电极之间，使油中的杂质极化，用集尘纸捕捉而除去它们的方法。

油液报废后，即使受条件限制无法就地再生处理，也不应烧掉或随意倒掉。那样做既污染环境也造成浪费，应请油料公司回收处理。

思考题

1. 液压油的物理性质有哪些？对液压油有何要求？

2. 液压油有几类？

3. 选择液压油应考虑哪些问题？
4. 液压油污染有哪些危害？如何控制液压油污染？
5. 如何使用和保管液压油？
6. 废油再生的方法有哪些？

4 液压泵

4.1 液压泵概述

4.1.1 液压泵的用途和分类

液压泵是能量转换装置，能将原动机提供的机械能转换为液压能，是液压系统中的液压能源，是组成液压系统的心脏，用它向液压系统输送足够量的压力油，从而推动执行元件对外做功。

液压泵的分类方式有多种。按其结构不同，液压泵可分为齿轮泵、叶片泵、柱塞泵和螺杆泵；按其压力不同，又可分为低压泵、中压泵、中高压泵、高压泵和超高压泵；按其输出流量能否调节，又分为定量泵和变量泵。液压泵的大致类型如下。

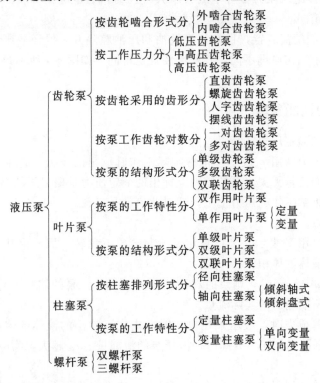

4.1.2 液压泵工作原理

液压泵的类型不同，但它们的工作原理却是相同的，其工作原理如图 4-1 所示。

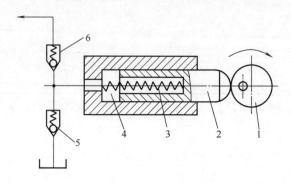

图 4-1   容积泵的工作原理

1—偏心凸轮；2—柱塞；3—弹簧；4—密封工作腔；5—吸油阀；6—压油阀

当偏心凸轮 1 由原动机带动旋转时，柱塞 2 做往复运动。柱塞右移时，弹簧 3 使之从密封工作腔 4 中推出，密封容积逐渐增大，形成局部真空，油箱中的油液在大气压力的作用下，通过单向吸油阀 5 进入密封工作腔 4，这是吸油过程。当柱塞左移被偏心轮压入工作腔时，密封容积逐渐减小，使腔内油液打开单向压油阀 6 进入系统，这是压油过程。偏心轮不断旋转，泵就不断地吸油和压油。

上述单个柱塞泵工作原理也适合各种容积式液压泵，其构成条件如下。

① 必须有若干个密封且可周期性变化的空间。液压泵的理论输出流量与此空间的容积变化量及单位时间内变化次数成正比，和其他因素无关。

② 油箱内的液体绝对压力恒等于或大于大气压力，为了能正确吸油，油箱必须与大气相通或采用充气油箱。

③ 必须有合适的配流装置，目的是将吸油和压油腔隔开，保证液压泵有规律地连续地吸油、排油。液压泵结构原理不同，其配流装置也不同。如图 4-1 所示是采用两个止回阀实现配流的。

4.1.3   液压泵的性能参数

（1）工作压力和额定压力

液压泵的工作压力（用 p 表示）是指实际工作时输出的压力，它主要取决于执行元件的外负载，而与泵的流量无关。泵的铭牌上标出的额定压力是根据泵的强度、寿命、效率等使用条件而规定的正常工作的压力上限，超过此值就是过载。

（2）排量和流量

液压泵的排量（用 V 表示）是指泵在无泄漏情况下每转一周，由其密封油腔几何尺寸变化而决定的排出液体的体积。

若泵的转速为 n（r/min），则泵的理论流量 $q_{Vt} = nV$。泵的铭牌上标出的额定流量 q_V 是泵在额定压力下所能输出的实际流量。

考虑液压泵泄漏损失时，液压泵在单位时间内实际输出的液体的体积叫实际流量（用 q_V 表示）。当液压泵的工作压力升高时，液压泵的泄漏量 Δq_V 越大，实际流量 q_V 会减少。

（3）效率

液压泵在能量转换过程中必然存在功率损失，功率损失可分为容积损失和机械损失两部分。

容积损失是因泵的内泄漏造成的流量损失。随着泵的工作压力的增大，内泄漏增大，实

际输出流量 q_V 比理论流量 q_{Vt} 减少。泵的容积损失可用容积效率 η_V 表示，即

$$\eta_V = q_V / q_{Vt} \tag{4-1}$$

各种液压泵产品都在铭牌上注明在额定工作压力下的容积效率 η_V。

液压泵在工作中，由于泵内轴承等相对运动零件之间的机械摩擦以及泵内转子和周围液体的摩擦和泵从进口到出口间的流动阻力也产生功率损失，这些都归结为机械损失。机械损失导致泵的实际输入转矩 T_i 总是大于理论上所需的转矩 T_t，两者之比称为机械效率，以 η_m 表示，即

$$\eta_m = T_t / T_i \tag{4-2}$$

液压泵的总效率等于容积效率与机械效率的乘积，即

$$\eta = \eta_V \eta_m \tag{4-3}$$

（4）液压泵的驱动电动机功率

液压泵由电动机驱动，输入机械能，而输出的是液体压力和流量，即压力能。由于容积损失和机械损失的存在，在选定电动机功率时要大于泵的输出功率，用式（4-4）计算

$$P = p q_V / \eta \tag{4-4}$$

式中　P——驱动液压泵的电动机功率；

　　　p——液压泵工作压力；

　　　q_V——液压泵流量；

　　　η——液压泵的总效率。

若压力以 Pa 代入，流量 q_V 以 m^3/s 代入，则式（4-4）的功率单位为 W（N·m/s）。

若压力以 MPa 代入，流量以 L/min 代入，则电动机功率为 kW，可用式（4-5）计算

$$P = p q_V / 60\eta \tag{4-5}$$

4.2　齿轮泵

齿轮泵的分类方法很多，如按齿轮啮合形式、齿轮形式、齿形曲线、轴承形式、密封形式、组合形式、外联接形式、泵体材质等分类。按齿轮啮合形式、齿形曲线等分类见表4-1。重点介绍外啮合齿轮泵工作原理和结构性能。

表 4-1　齿轮泵的分类及特点

分　类	结　构　形　式	特　　　点
齿轮啮合形式	外啮合渐开线齿形 内啮合渐开线齿形	结构简单,工艺性好,相对噪声较叶片泵、柱塞泵大 相对外啮合齿轮泵噪声低,工艺性好,加工复杂
齿形曲线	渐开线齿形 圆弧齿形 摆线齿形 直线及其共轭齿形	工艺性好,加工方便,成本低 传动强度大 用于内啮合泵,结构紧凑 传动平稳,低噪声,加工工艺装备特殊
齿轮形式	直齿 斜齿 人字齿	加工容易 重合度大(很少采用) 受力均匀(很少采用)

4.2.1　外齿轮泵工作原理和结构

齿轮泵的工作原理如图 4-2 所示。当齿轮按图示方向旋转时，齿轮泵右侧（吸油腔）轮

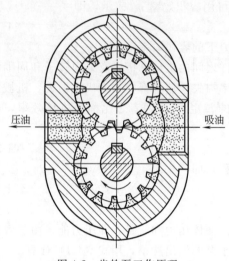

图 4-2　齿轮泵工作原理

齿脱开啮合，齿槽内密封容积增大，形成局部真空，在外界大气压的作用下，从油箱中吸油，而且随着齿轮的旋转，吸入的油液被齿间槽带入左侧的压油腔。泵的左腔（压油腔）轮齿进入啮合，使密封齿槽内的容积逐渐减小，压力升高，由于液体的体积变化很小，故经管道输出给液压系统，这就是压油。泵轴不停地转动，油箱中的油就源源不断地被泵送入液压系统。

4.2.2　典型外齿轮泵的结构

　　CB 型齿轮泵（高压齿轮泵）广泛应用在工程机械、起重机和拖拉机等设备的液压系统中。CB-B 型齿轮泵是中国自行设计制造的产品，早已大量生产，得到广泛使用。

　　如图 4-3 所示为 CB-B 型齿轮泵的结构。它为三片式结构，三片是指前、后泵盖 4、8 和泵体 7。泵体 7 内装有一对齿数和模数均相等，宽度与泵体相等，又互相啮合的齿轮 6。这对齿轮的齿间槽与两端盖及泵体内壁形成一个个密封腔，而两齿轮的啮合处的接触面则将泵进、出油口处的密封腔分为两部分，即吸油腔和压油腔。两齿轮分别用键固定在由滚针轴承支撑的主动轴 10 和从动轴 1 上，主动轴由电动机带动旋转。泵的前后盖和泵体由两个定位销 11 定位，用六个螺钉 5 固紧。在齿轮端面和泵盖之间有适当的轴向间隙，小流量泵的间隙为 0.025～0.04mm，大流量泵为 0.04～0.06mm，以使齿轮转动灵活，又能保证油的泄漏最小。齿轮的齿顶与泵体内表面间的间隙（径向间隙），一般为 0.13～0.16mm，由于齿顶油液泄漏的方向与齿顶的运动方向相反，故径向间隙稍大一些。

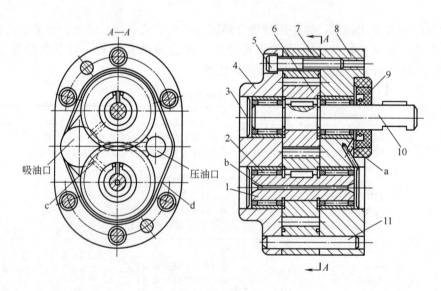

图 4-3　CB-B 型齿轮泵的结构

1—从动轴；2—滚针轴承；3—堵；4,8—前、后泵盖；5—螺钉；6—齿轮；
7—泵体；9—密封圈；10—主动轴；11—定位销

在泵体的两端面上开有卸荷槽 d，其作用是将渗入泵体和泵盖间的压力油引入吸油腔。在泵盖和从动轴上设有小孔 a、b、c，其作用是将润滑轴承后由轴承端部泄漏出的油引入吸油腔。

4.2.3 外啮合齿轮泵在结构上存在的几个问题

（1）困油现象

齿轮泵要平稳工作，齿轮啮合的重叠系数必须大于 1，于是总有两对轮齿同时啮合，并有一部分油液被围困在两对轮齿所形成的封闭空腔之间，如图 4-4 所示。这个封闭的容积随着齿轮的转动在不断地发生变化。封闭容腔由大变小时，被封闭的油液受挤压并从缝隙中挤出而产生很高的压力，油液发热，并使轴承受到额外负载；而封闭容腔由小变大，又会造成局部真空，使溶解在油中的气体分离出来，产生气穴现象。这些都将使泵产生强烈的振动和噪声。这就是齿轮泵的困油现象。

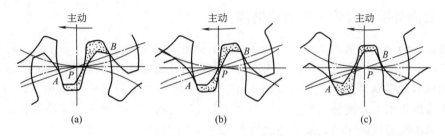

图 4-4 齿轮泵的困油现象

为减小困油现象的危害，常在齿轮泵啮合部位侧面的泵盖上开卸荷槽，使密闭腔在其容积由大变小时，通过卸荷槽与压油腔相连通，避免了压力急剧上升；密闭腔在其容积由小变大时，通过卸荷槽与吸油腔相连通，避免形成真空。两个卸荷槽间需保持合适的距离，以便吸、压油腔在任何时候都不连通，避免增大泵的泄漏量。齿轮泵盖上两个卸荷槽的位置向吸油腔偏移一小段距离。实测证明，偏移后的效果比对称分布更好一些。

矩形卸荷槽形状简单，加工容易，基本上能满足使困油卸荷的使用要求。但是封闭油腔与泵的吸、压油腔通道仍不够通畅，困油现象造成的压力脉动还部分地存在，而采用如图 4-5 所示的几种异形困油卸荷槽，则能使困油及时顺利地导出，对改善齿轮泵的工作，对较彻底地解除困油现象更有利一些。

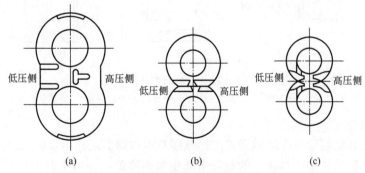

图 4-5 几种异形困油卸荷槽

（2）径向不平衡力

齿轮泵工作时，作用在齿轮外圆上的压力是不均匀的。在压油腔和吸油腔，齿轮外圆分别承受着系统工作压力和吸油压力；在齿轮齿顶圆与泵体内孔的径向间隙中，可以认为油液压力由高压腔压力逐级下降到吸油腔压力。这些液体压力综合作用的合力相当于给齿轮一个径向不平衡作用力，使齿轮和轴承受载。工作压力愈大，径向不平衡力越大，严重时会造成齿顶与泵体接触，产生磨损。

通常采取缩小压油口的办法来减小径向不平衡力，使高压油仅作用在一个到两个齿的范围内。

（3）泄漏

外啮合齿轮泵高压腔（压油腔）的压力油向低压腔（吸油腔）泄漏有三条路径：一是通过齿轮啮合处的间隙；二是泵体内表面与齿顶圆间的径向间隙；三是通过齿轮两端面与两侧端盖间的端面轴向间隙。三条路径中，端面轴向间隙的泄漏量最大，占总泄漏量的 70%～80%。因此，普通齿轮泵的容积效率较低，输出压力也不容易提高。要提高齿轮泵的压力，首要的问题是要减小端面轴向间隙。

4.2.4　提高外啮合齿轮泵压力的措施

要提高外啮合齿轮泵的工作压力，必须减小端面轴向间隙泄漏，一般采用齿轮端面间隙自动补偿的办法来解决这个问题。齿轮端面间隙自动补偿原理，是利用特制的通道，把泵内压油腔的压力油引到浮动轴套外侧，作用在一定形状和大小的面积（用密封圈分隔构成）上，产生液压作用力，使轴套压向齿轮端面这个液压力的大小必须保证浮动轴套始终紧贴齿轮端面，减小端面轴向间隙泄漏，达到提高工作压力的目的。

常用的自动补偿装置如下。

（1）浮动轴套式

浮动轴套式的间隙补偿装置如图 4-6（a）所示。泵的出口压力油直接引入齿轮轴上的浮动轴套 3 的外侧 A 腔，在油压作用下，使浮动轴套紧贴齿轮 1 的左侧面，因而可以消除间隙，并可补偿侧面与轴套的磨损量。泵在启动前，靠弹簧 4 产生预紧力，保证了端面间隙的密封。

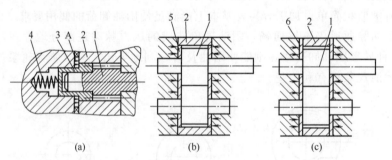

图 4-6　浮动轴套式的间隙补偿装置示意

1—齿轮；2—泵体；3—浮动轴套；4—弹簧；5—浮动侧板；6—挠性侧板

（2）浮动侧板式

浮动侧板式补偿装置与浮动轴套式工作原理基本相同也是利用泵的出口压力油引到浮动侧板 5 的背面，使其紧贴于齿轮 1 的端面来减小端面间隙，如图 4-6（b）所示。启动前，浮动侧板靠密封圈来产生预紧力。

（3）挠性侧板式

挠性侧板式补偿装置如图 4-6（c）所示。当泵的出口压力油引到挠性侧板 6 的背面时，靠侧板本身的变形来补偿端面间隙。侧板的厚度较薄，内侧面耐磨。

4.2.5 齿轮泵轴承的润滑

齿轮泵轴承的润滑方式见表4-2。

（1）滚动轴承的润滑

采用滚动轴承的齿轮泵轴承润滑方式，有的将端面间隙高压油泄漏引到轴承腔，有的采用轴承腔和吸油腔相连的低压润滑。

（2）滑动轴承的润滑

采用双金属薄壁轴承和采用DU轴承压配结构的滑动轴承润滑方式，目前以在轴承内孔加直槽或螺旋槽结构为主。

DU轴承国内称之为SF-1轴承。三层复合材料的DU轴承本身为一种无油润滑轴承，可以在干摩擦或无润滑条件下工作。

表 4-2　齿轮泵轴承的润滑方式

润滑方式	说　　明	特　　点
泄漏润滑	利用通过密封间隙泄漏到轴承处的油液对轴承进行润滑，一般用于滚动轴承和复合轴承润滑	1. 结构简单，不需要开设油槽 2. 不消耗功率 3. 润滑油温较高 4. 润滑油量不能控制
压油润滑	在轴套或侧板上开设油槽，使轴承和压油腔间断相通，每转过一齿，对轴承脉冲供油一次	1. 润滑油槽较简单 2. 损失输出油量 3. 润滑油温较高 4. 油槽易阻塞
困油润滑	在轴套或侧板上开设油槽，当轮齿啮合进入困油状态时，可向轴承供油	1. 润滑油槽较简单 2. 损失输出油量 3. 润滑油温较高 4. 润滑油量小
螺旋油槽吸油润滑	在轴承非负荷区开设螺旋油槽	1. 不损失输出油量 2. 润滑油温低 3. 润滑油量大
诱导润滑	在轴套端面轮齿脱开啮合的部位开设与轴承孔相通的油槽，利用轮齿刚脱开啮合时形成的局部压力下降，使润滑油通过轴承和油槽再进入齿谷槽	1. 结构较复杂 2. 不损失输出油量 3. 润滑油温低 4. 有足够的润滑油量

4.2.6 齿轮泵的拆装修理

（1）拆卸

① 松开并卸下泵盖及轴承压盖上全部连接螺钉。

② 卸下定位销及泵盖、轴承盖。

③ 从泵壳内取出传动轴及被动齿轮的轴套。

④ 从泵壳内取出主传动齿轮及被动齿轮。

⑤ 取下高压泵的压力反馈侧板及密封圈。

⑥ 检查轴头骨架油封，如其阻油唇边良好能继续使用，则不必取出；如阻油唇边损坏，则取出更换。

⑦ 把拆下来的零件用煤油或柴油进行清洗。

（2）简单修理

齿轮泵使用较长时间后，齿轮各相对运动面会产生磨损和刮伤。端面的磨损导致轴向间隙增大，齿顶圆的磨损导致径向间隙增大，齿形的磨损引起噪声增大。磨损拉伤不严重时，可稍加研磨抛光再用；若磨损拉伤严重时，则需根据情况予以修理或更换。

① 齿形修理。用细砂布或油石去除拉伤或已磨成多棱形的毛刺，不可倒角。

② 齿轮端面修理。轻微磨损者，可将两齿轮同时放在 0 号砂布上，然后再放在金相砂纸上擦磨抛光。磨损拉伤严重时，可将两齿轮同时放在平磨床上磨去少许，再用金相砂纸抛光。此时泵体也应磨去同样尺寸。两齿轮厚度差应在 0.005mm 以内，齿轮端面与孔的垂直度、两齿轮轴线的平行度都应控制在 0.005mm 以内。

③ 泵体修复。泵体的磨损主要是内腔与齿轮齿顶圆相接触面，且多发生在吸油侧。对于轻度磨损，用细砂布修掉毛刺可继续使用。

④ 侧板或端盖修复。侧板或前后盖主要是装配后，与齿轮相滑动的接触端面的磨损与拉伤，如磨损和拉伤不严重，可研磨端面修复；磨损拉伤严重，可在平面磨床上磨去端面上的沟痕。

⑤ 泵轴修复。齿轮泵泵轴的失效形式主要是与滚针轴承相接触处容易磨损，有时会产生折断。如果磨损轻微，可抛光修复（并更换新的滚针轴承）。

（3）装配

修理后的齿轮泵装配时按如下步骤进行。

① 用煤油或轻柴油清洗全部零件。

② 主动轴轴头盖板上的骨架油封若需更换时，先在骨架油封周边涂润滑油，用合适的心轴和小锤轻轻打入盖板槽内，油封的唇口应朝向里边，切勿装反。

③ 将各密封圈洗净后（禁用汽油）装入各相应油封槽内。

④ 将合格的轴承涂润滑油装入相应轴承孔内。

⑤ 将轴套或侧板与主动、被动齿轮组装成齿轮轴套副，在运动表面加润滑油。

⑥ 将轴套副与前后泵盖组装。

⑦ 将定位销装入定位孔中，轻打到位。

⑧ 将主动轴装入主动齿轮花键孔中，同时将轴承盖装上。

⑨ 装连接两泵盖及泵壳的紧固螺钉。注意两两对角用力均匀，扭力逐渐加大。同时边拧螺钉，边用手旋转主动齿轮，应无卡滞、过紧和别劲感觉。所有螺钉上紧后，应达到旋转均匀的要求。

⑩ 用塑料填封好油口。

⑪ 泵组装后，在设备调试时应再做试运转检查。

（4）注意事项

① 在拆装齿轮泵时，注意随时随地保持清洁，防止灰尘污物落入泵中。

② 拆装清洗时，禁用破布、棉纱擦洗零件，以免脱落棉纱头混入液压系统。应当使用毛刷或绸布。

③ 不允许用汽油清洗浸泡橡胶密封件。

④ 液压泵为精密机件，拆装过程中所有零件应轻拿轻放，切勿敲打撞击。

4.2.7 齿轮泵的常见故障及排除方法

齿轮泵一般用于工作环境不清洁的工程机械和精度不高的一般机床，以及压力不太高而流量较大的液压系统。

（1）齿轮泵的优点

① 结构简单，工艺性较好，成本较低。

② 与同样流量的其他各类泵相比，结构紧凑，体积小。

③ 自吸性能好。无论在高、低转速甚至在手动情况下都能可靠地实现自吸。

④ 转速范围大。因泵的传动部分以及齿轮基本上都是平衡的，在高转速下不会产生较大的惯性力。

⑤ 油液中污物对其工作影响不严重，不易咬死。

（2）齿轮泵的缺点

① 工作压力较低。齿轮泵的齿轮，轴及轴承上受的压力不平衡，径向负载大，限制了泵压力的提高。

② 容积效率较低。这是由于齿轮泵的端面泄漏大。

③ 流量脉动大，引起压力脉动大，使管道、阀门等产生振动，噪声大。

齿轮泵常见故障产生原因及排除方法见表 4-3。

表 4-3 齿轮泵常见故障产生原因及排除方法

故障现象	产 生 原 因	排 除 方 法
不打油或输油量不足及压力提不高	1. 电动机的转向错误 2. 吸入管道或滤油器堵塞 3. 轴向间隙或径向间隙过大 4. 各连接处泄漏而引起空气混入 5. 油液黏度太大或油液温升太高	1. 纠正电动机转向 2. 疏通管道，清洗滤油器除去堵物，更换新油 3. 修复更换有关零件 4. 紧固各连接处螺钉，避免泄漏严防空气混入 5. 油液应根据温升变化选用
噪声严重及压力波动厉害	1. 吸油管及滤油器部分堵塞或入口滤油器容量小 2. 从吸油管或轴密封处吸入空气，或者油中有气泡 3. 泵与联轴器不同心或擦伤 4. 齿轮本身的精度不高 5. CB 型齿轮油泵骨架式油封损坏或装轴时骨架油封内弹簧脱落	1. 除去脏物，使吸油管畅通，或改用容量合适的滤油器 2. 在连接部位或密封处加点油，如果噪声减小，可拧紧接头处或更换密封圈，回油管应在油面以下，与吸油管要有一定距离 3. 调整同心，排除擦伤 4. 更换齿轮或对研修整 5. 检查骨架油封，损坏时更换以免吸入空气
液压泵旋转不灵活或咬死	1. 轴向间隙及径向间隙过小 2. 装配不良，CB 型盖板，与轴的同心度不好，长轴的弹簧固紧脚太长，滚针套质量太差 3. 泵和电动机的联轴器同轴度不好 4. 油液中杂质被吸入泵体内	1. 修配有关零件 2. 根据要求重新进行装配 3. 调整使不同轴度不超过 0.2mm 4. 严防周围灰沙、铁屑及冷却水等物进入油池，保持油液洁净

4.3 叶片泵

叶片泵具有流量均匀、运转平稳、噪声低、体积小、质量轻等优点。

叶片泵主要分为单作用叶片泵和双作用叶片泵两大类。单作用叶片泵转子每转一周，只有一次吸压油过程，转子承受单方向径向力，轴承负荷大，泵的流量可以调节，又称为变量叶片泵；双作用叶片泵转子每转一周，有两次吸压油过程，泵的流量不可调节，称为定量叶片泵。

按压力等级叶片泵可分为：中低压叶片泵（7MPa），中高压叶片泵（16MPa），高压叶片泵（20～30MPa）。

叶片泵的分类见表4-4。

表 4-4 叶片泵的分类

分类形式	种　类
结构	单叶片式；双叶片式；子母叶片式；弹簧叶片式
压力	中低压(7MPa)；中高压(16MPa)；高压(20～30MPa)
流量调节	单作用(变量)叶片泵；双作用(定量)叶片泵

4.3.1 双作用叶片泵的工作原理和结构

图 4-7 表示双作用叶片泵工作原理。图中转子轴线与定子轴线重合，定子内表面由两段长半径 R 的圆弧、两段短半径 r 的圆弧和四段过渡曲线所构成。

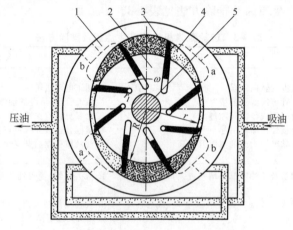

图 4-7 双作用叶片泵工作原理
1—定子；2—转子；3—叶片；4—配流盘；5—传动轴
a—吸油窗口；b—压油窗口

当转子按图示方向转动时，由于离心力和叶片底部压力油的作用，叶片顶部紧贴定子内表面，在定子、转子、相邻两叶片之间和两端面的配流盘间形成若干个密封工作油腔。处于右上角和左下角处的叶片在转子转动时逐渐伸出，密封工作油腔的容积逐渐增大，形成局部真空，于是通过配流盘的吸油窗口、吸油管，将油箱中的油液吸入到泵的吸油腔。图中右下角和左上角处的叶片逐渐被定子内表面推入槽内，密封工作油腔的容积逐渐减小，形成局部压力增大，将吸油腔带入的油液经压油窗口、配流盘、压油管输出。在吸油腔和压油腔之间也有一段封油区将吸、压油腔隔开。这种泵的转子每转一周，每个密封工作油腔完成两次吸、压油过程，故称为双作用式叶片泵。

图 4-8 为 YB_1 系列双作用叶片泵的结构。在左泵体 1 和右泵体 7 内安装有定子 5、转子4、左配流盘 2 和右配流盘 6。转子 4 上开有 12 条具有一定倾斜角度的槽，叶片 3 装在槽内。转子由泵轴 11 带动回转，传动轴由左、右泵体内的两个径向球轴承 9 和 12 支撑。泵盖 8 与

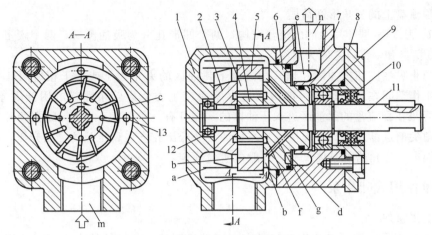

图 4-8　YB₁ 系列双作用叶片泵的结构

1—左泵体；2—左配流盘；3—叶片；4—转子；5—定子；6—右配流盘；7—右泵体；
8—泵盖；9,12—轴承；10—油封；11—泵轴；13—连接螺钉

传动轴间用两个油封 10 密封，以防止漏油和空气进入。定子、转子和左、右配流盘用两个连接螺钉 13 组装成一个部件后再装入泵体内，这种组装式的结构便于装配和维修。螺钉 13 的头部装在左泵体后面孔内，以保证定子及配流盘与泵体的相对位置。

　　油液从吸油口 m 经过空腔 a，从左、右配流盘吸油窗口 b 吸入，压力油从压油窗口 c 经右配流盘中的环槽 d 及右泵体中环形槽 e，从压油口 n 压出。转子 4 两侧泄漏的油液，通过泵轴 11 与右配流盘孔中的间隙，从 g 孔流回吸油腔 b。

4.3.2　双作用叶片泵的结构问题

(1) 叶片的倾角

　　如图 4-9 所示，叶片在压油区工作时，它们均受定子内表面推力 F 的作用不断缩回槽内。当叶片在转子内径向安放时，定子表面对叶片作用力的方向与叶片沿槽滑动的方向所成的压力角 β 较大，因而叶片在槽内所受的摩擦力也较大，使叶片滑动困难，甚至被卡住或折断。如果叶片不做径向安放，而是顺转向前倾一个角度 θ，这时的压力角就是 $\beta'=\beta-\theta$。压力角减小有利于叶片在槽内滑动，所以双作用叶片泵转子的叶片槽常做成向前倾斜一个安放角 θ。一般叶片泵的倾角 θ 可取 $10°\sim14°$，YB₁ 系列泵的叶片相对转子径向连线前倾 13°。

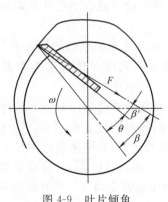

图 4-9　叶片倾角

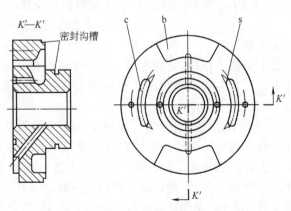

图 4-10　配流盘上的三角形卸荷槽

（2）配流盘上的三角形卸荷槽

图 4-10 为 YB$_1$ 型叶片泵的配流盘结构，两个凹形孔 b 为吸油窗口，两个腰形孔 c 为压油窗口，b 窗口和 c 窗口之间为封油区。

为了防止吸油腔和排油腔互通，配流盘上封油区的夹角大于或等于相邻两叶片间的夹角。每个工作空间在封油区有可能因制造误差而产生类似齿轮泵那样的困油现象。因此，YB$_1$ 型叶片泵在配流盘的封油区进入压油窗的一端开有三角尖槽 s，使封闭在两叶片间的油液通过三角尖槽逐渐地与高压腔接通，减缓油液从低压腔进入高压腔的突然升压，以减少压力脉动和噪声。三角槽的具体尺寸，一般由实验确定。

4.3.3 单作用式叶片泵

（1）工作原理

如图 4-11 所示，转子外表面和定子内表面都是圆柱面。转子的中心与定子的中心保持一个偏心距 e。在配流盘上开有吸油窗口和压油窗口，如图中虚线所示。当转子如图示方向转动时，下部两相邻叶片、定子、转子及配流盘所组成的密闭容积增大，油液通过吸油窗口吸入；而上部两相邻叶片、定子、转子及配流盘所组成的密闭容积减小，油液由压油窗口压送到压油管中去。改变偏心距 e 的大小，就可以改变泵的流量。当 e＝0 即转子中心与定子中心重合时，泵的流量为零。转子转一周，吸、压油各一次。由于径向液压力只作用在转子表面的半周上，转子受不平衡的径向液压力，故轴承将承受较大的负载，其寿命较短，不宜用于高压。

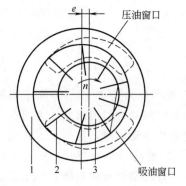

图 4-11　单作用式叶片泵工作原理
1—定子；2—叶片；3—转子

（2）限压式变量叶片泵

① 外反馈式变量叶片泵。图 4-12 为外反馈限压式变量泵的工作原理。该泵除了转子 1、定子 2、叶片及配流盘外，在定子的右边有限压弹簧及调节螺钉 4；定子的左边有反馈缸，缸内有柱塞 6，缸的左端有调节螺钉 7。反馈缸通过控制油路（图中虚线所示）与泵的压油口相连通。

调节螺钉 4 用以调节弹簧 3 的预紧力 F（F＝kx$_0$，k 为弹簧刚度，x$_0$ 为弹簧的预压缩量），也就是调节泵的限定压力 p$_B$（p$_B$＝kx$_0$/A，A 为柱塞有效面积）。调节螺钉 7 用以调节反馈缸柱塞 6 左移的终点位置，也即调节定子与转子的最大偏心距 e$_{max}$，调节最大偏心距也就是调节泵的最大流量。

转子 1 的中心 O$_1$ 是固定的，定子 2 可以在右边弹簧力 F 和左边有反馈缸液压力 p$_A$ 的作用下，左右移动而改变定子相对于转子的偏心量 e，即根据负载的变化自动调节泵的流量。

② 内反馈式变量叶片泵。如图 4-13 所示为内反馈式限压式变量泵的工作原理。这种泵的工作原理与外反馈式相似。它没有反馈缸，但在配流盘上的腰形槽位置与 y 轴不对称。在图中上方压油腔处，定子所受到的液压力 F 在水平方向的分力 F$_x$ 与右侧弹簧的预紧力方向相反。当这个力 F$_x$ 超过限压弹簧 5 的限定压力 p$_B$ 时，定子 3 即向右移动，使定子与转子的偏心量 e 减小，从而使泵的流量得以改变。泵的最大流量由调节螺钉 1 调节，泵的限定压力 p$_B$ 由调节螺钉 4 调节。

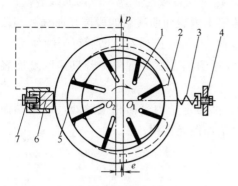

图 4-12　外反馈式变量叶片泵工作原理
1—转子；2—定子；3—限压弹簧；4,7—调节螺钉；
5—配流盘；6—反馈缸柱塞

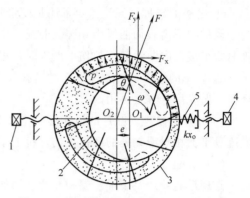

图 4-13　内反馈式限压式变量泵工作原理
1,4—调节螺钉；2—转子；3—定子；5—限压弹簧

③ 限压式变量叶片泵的压力-流量特性曲线。如图 4-14 所示为限压式变量叶片泵的压力-流量特性曲线。图中 AB 段是泵的工作压力 p 小于限定压力 p_B 时，偏心量 e 最大，流量也是最大的一段。该段为稍微向下倾斜的直线，与定量泵的特性相当。这是因为此时泵的偏心不变而压力增高时，其泄漏油量稍有增加，泵的实际流量亦稍有减少所致。图中 BC 段是泵的变量段。在这一区段内，泵的实际流量随着工作压力的增高而减小。图中 B 点称为拐点，其对应的工作压力为限定压力 p_B，C 点对应的压力 p_C 为泵的极限压力 p_{max}，在该点泵的流量为零。

4.3.4　叶片泵的拆装修理

（1）拆卸

① 松开前盖（泵轴端）各连接螺钉，取下各螺钉及泵盖。

② 松开后盖各连接螺钉，取下螺钉及后盖。

③ 从泵体内取出泵轴及轴承，卸下传动键。

④ 取出用螺钉（或销钉）连接由左右配流盘、定子、转子组装成的部件，并将此部件解体后，妥善放置好叶片、转子等零件。

⑤ 检查各 O 形密封圈，已损坏或变形严重者更换。

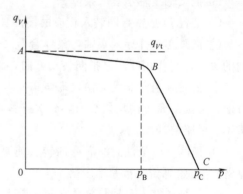

图 4-14　限压式变量叶片泵的压力-
流量特性曲线

⑥ 检查泵轴密封的两个骨架油封，如其阻油唇边损坏或自紧式螺旋弹簧损坏则必须更换。

⑦ 把拆下来的零件用清洗煤油或轻柴油清洗干净。

（2）简单修理

① 配流盘修理。如配流盘磨损和拉伤深度不大（小于 0.5mm），可用平磨磨去伤痕，经抛光后再使用。但修磨后，由于卸荷三角槽变短可用三角锉适当修长。否则，对消除困油不利。

②定子的修理。无论是定量还是变量叶片泵，定子均是吸油腔这一段内曲线容易磨损。变量泵的定子内表面曲线为一圆弧曲线。定量泵的定子内表面曲线由四段圆弧曲线和四段过渡曲线组成，内曲线磨损拉伤不严重时，可用细砂布（0号）或油石打磨后可继续使用。

③转子的修理。转子两端面易磨损拉毛，叶片槽磨损变宽等现象。若只是两端面轻度磨损，抛光后可继续再用。

④叶片的修理。叶片的损坏形式主要是叶片顶部与定子内表面相接触处，以及端面与配流盘平面相对滑动处的磨损拉伤，拉毛不严重时稍加抛光再用。

（3）装配

修理后的叶片泵装配步骤和注意事项如下。

①清除零件毛刺。

②用煤油或轻柴油清洗干净全部零件。

③将叶片涂上润滑油装入各叶片槽。注意叶片方向，有倒角的尖端应指向转子上叶片槽倾斜方向。装配在转子槽内的叶片应移动灵活，手松开后由于油的张力叶片一般不应下掉，否则，配合过松。定量泵配合间隙 0.02～0.025mm，变量泵配合间隙0.025～0.04mm。

④把带叶片的转子与定子和左右配流盘用销钉或螺钉组装成泵芯组合部件。

a. 定子和转子与配流盘的轴向间隙应保证在0.045～0.055mm，以防止泄漏增大。

b. 叶片的宽度应比转子厚度小0.01～0.05mm。同时，叶片与转子在定子中应保持正确的装配方向，不得装错。

⑤把泵轴及轴承装入泵体。

⑥把各O形密封圈装入相应的槽内。

⑦把泵芯组件穿入泵轴与泵体合装。此时，要特别注意泵轴转动方向叶片倾角方向之间的关系，双作用叶片泵指向转动方向，单作用叶片泵背向转动方向。

⑧把后泵盖（非动力输入端泵盖）与泵体合装，并把紧固螺钉装上。注意紧固螺钉的方法：应成对角方向均匀受力，分次拧紧，并同时用手转动泵轴，保证转动灵活平稳，无轻重不一的阻滞现象。

⑨把两个骨架油封涂润滑油转入前泵盖，不要损坏油封唇边，注意唇边朝向（两者背靠背），自紧弹簧要抱紧不脱落。

⑩前泵盖穿入泵轴与泵体合装，装上传动键。

⑪用塑料堵封好油口。

（4）注意事项

①在拆装叶片泵时，要随时随地注意保持清洁，杜绝污物、灰尘落入泵内。

②拆装清洁过程中，禁用棉纱、破布擦洗零件，以免把脱落的棉纱头混入液压系统。应当使用毛刷和绸布。

③不允许使用汽油清洗、浸泡橡胶密封圈。

④叶片泵为精密机件，拆装过程中，所有零件应保持轻拿轻放，切勿敲打撞击。

4.3.5　叶片泵的常见故障产生原因及排除方法

叶片泵常见故障产生原因及排除方法见表4-5。

表 4-5　叶片泵常见故障产生原因及排除方法

现象	产 生 原 因	排 除 方 法
液压泵吸不上油或无压力	1. 原动机与液压泵旋向不一致 2. 液压泵传动键脱落 3. 进出油口接反 4. 油箱内油面过低,吸入管口露出液面 5. 转速太低吸力不足 6. 油黏度过高使叶片运动不灵活 7. 油温过低,使油黏度过高 8. 系统油液过滤精度低导致叶片在槽内卡住 9. 吸入管道或过滤装置堵塞造成吸油不畅 10. 吸入口过滤器过滤精度过高造成吸油不畅 11. 吸入管道漏气 12. 小排量液压泵吸力不足	1. 纠正原动机旋向 2. 重新安装传动键 3. 按说明书选用正确接法 4. 补充油液至最低油标线以上 5. 提高转速达到液压泵最低转速以上 6. 选用推荐黏度的工作油 7. 加温至推荐正常工作油温 8. 拆洗、修磨液压泵内脏件,仔细重装,并更换油液 9. 清洗管道或过滤装置,除去堵塞物,更换或过滤油箱内油液 10. 按说明书正确选用过滤器 11. 检查管道各连接处,并予以密封、紧固 12. 向泵内注满油
流量不足达不到额定值	1. 转速未达到额定转速 2. 系统中有泄漏 3. 由于泵长时间工作、振动,使泵盖螺钉松动 4. 吸入管道漏气 5. 吸油不充分: ① 油箱内油面过低 ② 入口滤油器堵塞或通流量过小 ③ 吸入管道堵塞或通径小 ④ 油黏度过高或过低 6. 变量泵流量调节不当	1. 按说明书指定额定转速选用电动机转速 2. 检查系统,修补泄漏点 3. 拧紧螺钉 4. 检查各连接处,并予以密封、紧固 5. 处理方法: ① 补充油液至最低油标线以上 ② 清洗过滤器或选用通流量为泵流量 2 倍以上的滤油器 ③ 清洗管道,选用不小于泵入口通径的吸入管 ④ 选用推荐黏度工作油 6. 重新调节至所需流量
压力升不上去	1. 泵上不油或流量不足 2. 溢流阀调整压力太低或出现故障 3. 系统中有泄漏 4. 由于泵长时间工作、振动,使泵盖螺钉松动 5. 吸入管道漏气 6. 吸油不充分 7. 变量泵压力调节不当	1. 同前述排除方法 2. 重新调试溢流阀压力或修复溢流阀 3. 检查系统,修补泄漏点 4. 拧紧螺钉 5. 检查各连接处,并予以密封、紧固 6. 处理方法: ① 补充油液至最低标线以上 ② 清洗过滤器或选用通流量为泵流量 2 倍以上的滤油器 ③ 清洗管道,选用不小于泵入口通径的吸入管 ④ 选用推荐黏度工作油 7. 重新调节至所需压力
噪声过大	1. 吸入管道漏气 2. 吸油不充分 3. 泵轴和原动机轴不同心 4. 油中有气 5. 泵转速过高 6. 泵压力过高 7. 轴密封处漏气 8. 油液过滤精度过低导致叶片在槽中卡住 9. 变量泵止动螺钉调整失当	1. 检查管道各连接处,并予以密封、紧固 2. 处理方法: ① 补充油液至最低标线以上 ② 清洗过滤器或选用通流量为泵流量 2 倍以上的滤油器 ③ 清洗管道,选用不小于泵入口通径的吸入管 ④ 选用推荐黏度工作油 3. 重新安装达到说明书要求精度 4. 补充油液或采取结构措施,把回油口浸入油面以下 5. 选用推荐转速范围 6. 降压至额定压力以下 7. 更换油封 8. 拆洗修磨泵内脏件并仔细重新组装,并更换油液 9. 适当调整螺钉至噪声达到正常

续表

现象	产 生 原 因	排 除 方 法
过度发热	1. 油温过高 2. 油黏度太低,内泄过大 3. 工作压力过高 4. 回油口直接接到泵入口	1. 改善油箱散热条件或增设冷却器使油温控制在推荐正常工作油温范围内 2. 选用推荐黏度工作油 3. 降压至额定压力以下 4. 回油口接至油箱液面以下
振动过大	1. 泵轴与电动机轴不同心 2. 安装螺钉松动 3. 转速或压力过高 4. 油液过滤精度过低,导致叶片在槽中卡住 5. 吸入管道漏气 6. 吸油不充分 7. 油液中有空气	1. 重新安装达到说明书要求精度 2. 拧紧螺钉 3. 调整至许用范围以内 4. 拆洗修磨泵内脏件,并仔细重新组装,并更换油液或重新过滤油箱内油液 5. 检查管道各连接处,并予以密封、紧固 6. 处理方法: ① 补充油液至最低标线以上 ② 清洗过滤器或选用通流量为泵流量2倍以上的滤油器 ③ 清洗管道,选用不小于泵入口通径的吸入管 ④ 选用推荐黏度工作油 7. 补充油液或采取结构措施,把回油口浸入油面以下
外渗漏	1. 密封老化或损伤 2. 进出油口连接部位松动 3. 密封面磕碰 4. 外壳体砂眼	1. 更换密封 2. 紧固螺钉或管接头 3. 修磨密封面 4. 更换外壳体

4.4 柱塞泵

4.4.1 斜盘式轴向柱塞泵工作原理和结构

图4-15表示斜盘式轴向柱塞泵工作原理。轴向柱塞泵其柱塞的轴线与回转缸体的轴心线平行。它主要由柱塞5、回转缸体7、配流盘10和斜盘1等零件组成。斜盘1与配流盘10

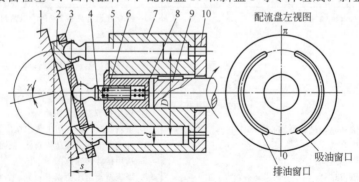

图4-15 斜盘式轴向柱塞泵工作原理

1—斜盘;2—滑履;3—压板;4,8—套筒;5—柱塞;6—中心弹簧;

7—回转缸体;9—传动轴;10—配流盘

固定不动，斜盘的法线与回转缸体轴线的交角为γ。回转缸体由传动轴9带动旋转。在回转缸体的等径圆周处均匀分布了若干个轴向柱塞孔，每个孔内装一个柱塞5。带有球头的套筒4在中心弹簧6的作用下，通过压板3使各柱塞头部的滑履2与斜盘靠牢。同时，套筒8左端的凸缘将回转缸体7与配流盘10紧压在一起，消除两者接触面间的间隙。

当回转缸体在传动轴9的带动下按图示方向旋转时，由于斜盘和压板的作用，迫使柱塞在回转缸体的各柱塞孔中做往复运动。在配流盘的左视图所示的右半周，柱塞随回转缸体由下向上转动的同时，向左移动，柱塞与柱塞孔底部密封油腔的容积由小变大，其内压力降低，产生真空，通过配流盘上的吸油窗口从油箱中吸油；在左半周，柱塞随回转缸体由上向下转动的同时，向右移动，柱塞与柱塞孔底部密封油腔的容积由大变小，其内压力升高，通过配流盘上的压油窗口将油压入液压系统中，实现压油。

若改变斜盘倾角γ的大小，就能改变柱塞的行程长度，也就改变了泵的排量；若改变斜盘倾角γ的方向，就能改变泵的吸、压油的方向。因此，轴向柱塞泵一般制作成为双向变量泵。

图4-16表示CY14-1型轴向柱塞泵的结构。它由主体部分和变量机构组成。泵的主体部分：缸体和配流盘装在泵壳内，缸体与轴用花键联接，缸体的七个轴向缸孔内各装一个柱塞，柱塞的球状头部装在滑履的球面凹槽内加以铆合，滑履的端面与斜盘为平面接触。

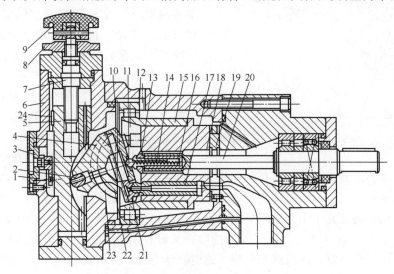

图4-16 CY14-1型轴向柱塞泵的结构

1—拨叉连接销调整；2—斜盘轴销；3—刻度盘；4—斜盘；5—变量活塞；6—变量壳体；7—螺杆；
8—锁紧螺母；9—调节手轮；10—回程盘；11—钢球；12—滚柱轴承；13,14—定心弹簧内、外套；
15—缸套；16—定心弹簧；17—柱塞；18—缸体；19—配流盘；20—传动轴；21—滑靴；
22—耳轴；23—铜瓦；24—导向

手动变量机构位于泵的左半部，螺杆与变量柱塞用螺纹联接。转动手轮时，变量柱塞沿导向键做轴向移动，使斜盘绕钢球中心转动。调节斜盘的倾角就能改变泵的输出流量，手动变量一般在空载时进行，流量调定后用锁紧螺母拧紧。

CY14-1型轴向柱塞泵的结构具有以下几个特点。

① 为减小接触比压和减轻磨损，柱塞17的头部不是直接顶在斜盘4上，而是在其头部套上了一个青铜滑靴21，改点接触为面接触，并且把压力油通过柱塞头部小孔引入滑靴内腔，使滑靴与斜盘的摩擦为液体摩擦。

② 为改善弹簧的工作条件，将分散布置在柱塞底部的弹簧改为集中定心弹簧16。一方面

弹簧力通过内套 13，钢球 11 和回程盘 10 使滑靴 21 紧贴在斜盘 4 上，以保证泵的自吸能力；另一方面弹簧力又通过外套 14 将缸体 18 压向配流盘 19，保证了缸体与配流盘紧密接触。

③ 这种泵的传动轴 20 为半轴，它的悬臂端通过缸套 15 支撑在滚柱轴承 12 上。

④ 柱塞泵由主体部分和变量机构两部分机构组成。斜盘倾角的大小可通过变量机构（左端部分）来改变，从而达到改变泵的排量和流量的目的。变量机构可以有多种形式，泵的主体部分与某一变量机构组合，就构成某一种变量形式的泵。

⑤ 该泵只需调换马达配流盘即可做液压马达使用。

4.4.2　CY14-1 型轴向柱塞泵的几个结构问题

（1）滑靴-斜盘摩擦副的静压支撑

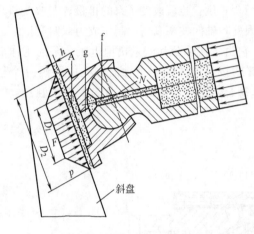

图 4-17　柱塞与滑靴结构及静压支撑原理

滑靴对斜盘的工作表面，是在高压下做高速相对运动的运动副，为防止因摩擦发热而损坏，采用了液体静压支撑。如图 4-17 所示，液压泵工作时，压力油通过柱塞中心的轴向阻尼孔 f 流入滑靴的中心孔 g 引至滑靴头部的油室 A，在滑靴和斜盘间形成油膜。油膜形成后产生一个垂直作用于滑靴端面的力，即撑开力。另外，柱塞底部油压通过滑靴作用在斜盘上有一压紧力，压紧力与撑开力之比在 1.05～1.10 范围之内较为合适。这样，滑靴对斜盘端面接触比压很小，而滑靴与斜盘之间又可建立起坚固油膜。

（2）配流盘-缸体摩擦副的静压支撑

缸体与配流盘之间也采用了液体静压支撑，在这里，撑开力是由配流盘排油窗口内的油压和附近的油膜的油压作用于缸体端面而形成的；而缸体对配流盘的压紧力，则是当柱塞压油时，油液作用在柱塞孔中未穿透部分金属面积上而产生轴向推力形成的。压紧力与撑开力之比为 1.06～1.10，这样既可形成坚固的油膜，又可自动补偿缸体和配流盘间的磨损，提高容积效率，在泵启动时，油压尚未形成，这时缸体与配流盘间的初始密封由定心弹簧产生的推力来实现。

4.4.3　CY14-1 型轴向柱塞泵的拆装修理

检修分主体部与变量部进行。

4.4.3.1　主体部检修

图 4-18 为 CY14-1B 型泵主体部分分解立体图。

（1）拆卸

① 松开主体部与变量部的联接螺钉，卸下变量部分，注意变量头（斜盘）及止推板不要滑落，事先在泵下用木板或胶皮接住预防。变量部卸下后要妥善放置并防尘。

② 连同回程盘 15 取下 7 套柱塞 16 与滑靴 14 组装件。如柱塞卡死在缸体 40 中而研伤缸体，则一般难于修复，此泵报废，换新泵。

③ 从回程盘 15 中取出 7 个柱塞与滑靴组件。

④ 从传动轴 26 花键端内孔中取出钢球 10，中心内套 11，中心弹簧 12 及中心外套 13 组

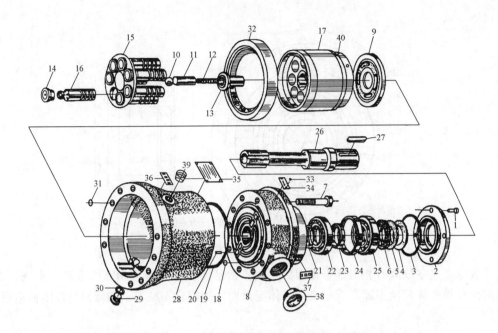

图 4-18　CY14-1B 型泵主体部分分解立体图

1—端盖螺钉；2—端盖；3—密封圈；4,5,6—组合密封圈；7—联接螺钉；8—外壳体；9—配流盘；10—钢球；
11—中心内套；12—中心弹簧；13—中心外套；14—滑靴；15—回程盘；16—柱塞；17—缸体外镶钢套；18—小密封圈；
19—密封圈；20—配流盘定位销钉；21—轴用挡圈；22,25—轴承；23—内隔圈；24—外隔圈；26—传动轴；27—键；
28—中壳体；29—放油塞；30,31—密封圈；32—滚柱轴承；33—铝铆钉；34—旋向牌；35—铭牌；
36,37—标牌；38—防护塞；39—回油旋塞；40—缸体

装件，并分解成单个零件。

⑤ 取出缸体 40 与钢套 17 组合件，两者为过盈配合不分解。

⑥ 取出配流盘 9。

⑦ 拆下传动键 27。

⑧ 卸掉端盖螺钉 1 及端盖 2 及密封圈 3、4、5、6。

⑨ 卸下传动轴 26 及轴承组件 21、22、23、24、25。

⑩ 卸下联接螺钉 7，将外壳体 8 与中壳体 28 分解，注意外泵体上配流盘的定位销不要取下，准确记住装配位置。

⑪ 卸下滚柱轴承 32。

（2）简单修理

① 缸体的修理。缸体与外套的结构如图 4-19 所示。

缸体通常用青铜制造，外套用轴承钢制造。

缸体易磨损部位是与柱塞配合的柱

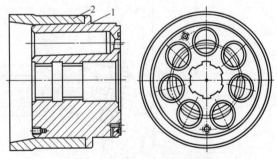

图 4-19　配流盘缸体与外套的结构
1—缸体；2—外套

塞孔内圆柱面和与配流盘接触的端面，端面磨损后可先在平面磨床上精磨端面，然后再用氧化铬抛光，轻度磨损时研磨便可。

② 配流盘的修理。配流盘缸体与外套的结构如图 4-20 所示。

CY14-1B 型泵在工作过程中，经常出现泵升不起压或压力提不高，泵打不出油或流量

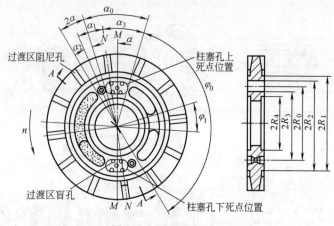

图 4-20　配流盘的结构

不足等故障，这些故障有相当部分是因为用油不清洁，使配流盘磨损、咬毛甚至出现烧盘，引起配流盘与缸体配流平面、配流盘与泵体配流面之间配合不贴切，降低密封性能而造成泄漏所致。

对于拉毛、磨损不太严重的配流盘，可采取手工研磨的方法来加以修理解决。

研磨过程中，研磨的压力和速度对研磨效率和质量甚有影响。对配流盘研磨时，压力不能太大，若压力太大，被研磨掉的金属就多，工作表面粗糙度大，有时甚至还会压碎磨料而划伤研磨表面。

配流盘研磨加工用的磨料多为粒度号数为 W_{10}（相当旧标准 M_{10}）的氧化铝系或金刚石系微粉。研磨时，可以此磨料直接加润滑油，一般用 10 号机械油即可。在精研时，可用 1/3 机油加 2/3 煤油混合使用，也可用煤油和猪油混合使用（猪油含动物性油酸，能改善表面粗糙度）。

③ 柱塞与滑靴修理。柱塞与滑靴的装配及工作情况如图 4-21 所示。在压油区，柱塞是将滑靴推向止推板，而在吸油区是滑靴通过回程盘把柱塞从缸体孔中拉出来。泵每转一次，推、拉一次，天长日久滑靴球窝被拉长而造成"松靴"。修理的办法是用专用胎具再次压合，这需要专用胎具或到高压泵生产厂进行。

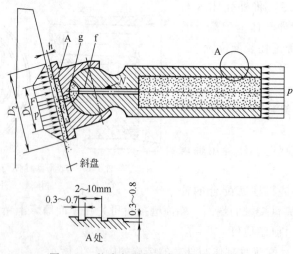

图 4-21　柱塞与滑靴的装配及工作情况
A—滑靴头部油室；g—中心孔；f—阻尼孔

柱塞表面轻度损伤是拉伤，摩擦划痕，对此类轻度损伤只需用极细的油石研去伤痕，重度咬伤一般难于修复，价格昂贵，不如换新泵。

④ 检查缸套滚柱轴承及传动轴上的两轴承磨损情况，磨损严重、游隙大的要更换新轴承。

⑤ 检查各密封圈，破损、变形者要更换。

（3）装配

修理后的柱塞泵装配步骤及注意事项如下（参见图 4-18）。

① 用煤油或汽油清洗干净全部零件。

② 将密封圈 19 装入外壳体 8 的槽中。

③ 将外壳体 8 及中壳体 28 用联接螺钉 7 合装。

④ 将滚柱轴承 32 装入中壳体 28 孔中。

⑤ 将传动轴 26 及轴承组件 21、22、23、24、25 装入外壳体 8 中。

⑥ 将密封圈 3 装入端盖 2，将密封组件 3、4、5、6 装入端盖 2。

⑦ 将端盖 2 与外壳体 8 合装，用端盖螺钉 1 紧固。

⑧ 将配流盘 9 装入外壳体端面贴紧，用定位销定位（注意定位销不要装错）。

⑨ 将缸体装入中壳体中，注意与配流盘端面贴紧。

⑩ 将中心内套 11，中心弹簧 12 及中心外套 13 组合后装入传动轴内孔。

⑪ 在钢球 10 上涂抹清洁黄油粘在弹簧中心内套 11 的球窝中，防止脱落。

⑫ 将 7 套滑靴 14 与柱塞 16 组件装入回程盘孔中。

⑬ 将滑靴、柱塞、回程盘组件装入缸体孔中，注意钢球不要脱落。

⑭ 装上传动键 27。

4.4.3.2 变量部检修

图 4-22 为 PCY 型恒压变量轴向柱塞泵结构，其左半部为变量部。

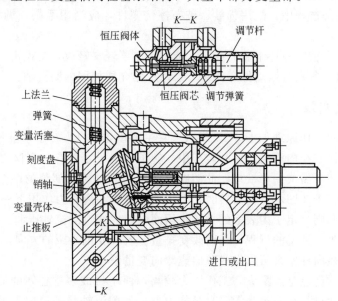

图 4-22 PCY 型恒压变量轴向柱塞泵结构

（1）拆卸

① 拆下变量头组件，卸下止推板，如止推板背面一般不易磨损，可不拆销轴。

② 拆下恒压变量阀，将阀体、阀芯、调节弹簧及调节杆分解。

③ 拆下上法兰，取出弹簧及变量活塞。

（2）简单修理

① 止推板的修理。止推板的易磨损面为与滑靴的接触面，此表面也可在平板上研磨修复，磨损划伤印痕较深时可在平面磨床上精磨后再研磨。

② 恒压阀芯的修理。如有拉毛、划伤，可用细油石和细纱布修磨掉划痕。

③ 检查恒压变量调节弹簧是否扭曲变形，如变形更换新弹簧。

④ 变量活塞一般不易磨损，如有磨痕、修磨即可。

⑤ 检查变量活塞上部弹簧是否扭曲变形，变形严重的更换新弹簧。

（3）装配

① 用煤油或柴油清洗干净全部零件。

② 将变量活塞装入变量壳体。

③ 将恒压变量控制阀组装后与变量壳体合装。

④ 将变量弹簧装入变量壳体上腔，装上法兰。

⑤ 将变量头销轴装入变量活塞。

⑥ 将止推板装入变量头销轴。

⑦ 将变量壳体与中泵体间的大密封圈装入密封槽。

4.4.3.3　总装

① 把主体部与变量部准备好。

② 把主体部与变量部之间的两个小胶圈装入中泵体孔槽。

③ 把变量部与主体部合装，注意止推板要与各滑靴平面贴合，装上各联接螺钉。

拆装注意事项如下。

① 在拆装、修理过程中要确保场地、工具清洁，严禁污物进入油泵。

② 拆装、清洗过程中，禁用棉纱、破布擦洗零件，应当用毛刷、绸布，防止棉丝头混入液压系统。

③ 柱塞泵为高精度零件组装而成，拆装过程中要轻拿轻放，勿敲击。

④ 装配过程中各相对运动件都要涂与泵站工作介质相同的润滑油。

4.4.4　径向柱塞泵

径向柱塞泵的工作原理如图 4-23 所示。它主要由定子 1、转子（缸体）2、柱塞 3、配流轴 4 等组成，柱塞径向均匀布置在转子中。转子和定子之间有一个偏心量 e。配流轴固定不动，上部和下部各做成一个缺口，此两缺口又分别通过所在部位的两个轴向孔与泵的吸、压油口连通。当转子按图示方向旋转时，上半周的柱塞在离心力作用下外伸，通过配流轴吸油；下半周的柱塞则受定子内表面的推压作用而缩回，通过配流轴压油。移动定子改变偏心距的大小，便可改变柱塞的行程，从而改变排量。若改变偏心距的方向，则可改变吸、压油的方向。因此，径向柱塞泵可以做成单向或双向变量泵。

径向柱塞泵的优点是流量大，工作压力较高，便于做成多排柱塞的形式，轴向尺寸小，工作可靠等。其缺点是径向尺寸大，自吸能力差，且配流轴受到径向不平衡液压力的作用，易于磨损，泄漏间隙不能补偿。这些缺点限制了泵的转速和压力的提高。

4.4.5　轴向柱塞泵常见故障及排除方法

与齿轮式和叶片式的泵比较，轴向柱塞泵的柱塞和缸体孔是圆柱配合，易于准确加工，

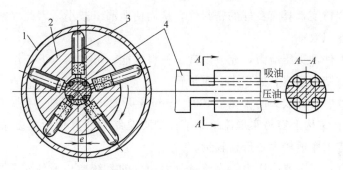

图 4-23　径向柱塞泵的工作原理

1—定子；2—转子；3—柱塞；4—配流轴

表 4-6　轴向柱塞泵故障产生原因及排除方法

故障现象	产　生　原　因	排　除　方　法
流量不够	1. 油箱油面过低,油管及滤油器堵塞或阻力太大以及漏气等 2. 泵壳内预先没有充好油,留有空气 3. 液压泵中心弹簧折断,使柱塞回程不够或不能回程,引起缸体和配流盘之间失去密封性能 4. 配流盘及缸体或柱塞与缸体之间磨损 5. 对于变量泵有两种可能,如为低压可能是油泵内部摩擦等原因,使变量机构不能达到极限位置造成偏角小所致;如为高压,可能是调整误差所致 6. 油温太高或太低	1. 检查储油量,把油加至油标规定线。排除油管堵塞,清洗滤油器,紧固各联接处螺钉,排除漏气 2. 排除泵内空气 3. 更换中心弹簧 4. 磨平配流盘与缸体的接触面单缸研配,更换柱塞 5. 低压时,使变量活塞及变量头活动自如;高压时,纠正调整误差 6. 根据温升选用合适的油液
压力脉动	1. 配流盘与缸体或柱塞与缸体之间磨损,内泄或外漏过大 2. 对于变量泵可能由于变量机构的偏角太小,使流量过小,内漏相对增大,因此不能连续对外供油 3. 伺服活塞与变量活塞运动不协调,出现偶尔或经常性的脉动 4. 进油管堵塞,阻力大及漏气	1. 磨平配流盘与缸体的接触面,单缸研配,更换柱塞,紧固各联接处螺钉,排除漏损 2. 适当加大变量机构的偏角,排除内部漏损 3. 偶尔脉动,多因脏;可更换新油,经常脉动,可能是配合件研伤或憋坏,应拆下修研 4. 疏通进油管及清洗进口滤油器,紧固进油管段的联接螺钉
噪声	1. 泵体内留有空气 2. 油箱油面过低,吸油管堵塞及阻力大,以及漏气等 3. 泵和电动机不同心,使泵和传动轴受径向力	1. 排除泵内的空气 2. 按规定加足油液,疏通进油管,清洗滤油器,紧固进油段联接螺钉 3. 重新调整,使电动机与泵同心
发热	1. 内部漏损过大 2. 运动件磨损	1. 修研各密封配合面 2. 修复或更换磨损件
漏损	1. 轴承回转密封圈损坏 2. 各接合处 O 形密封圈损坏 3. 配流盘和缸体或柱塞与缸体之间磨损(会引起回油管外漏增加,也会引起高低腔之间内漏) 4. 变量活塞或伺服活塞磨损	1. 检查密封圈及各密封环节,排除内漏 2. 更换 O 形密封圈 3. 磨平接触面,配研缸体,单配柱塞 4. 严重时更换
变量机构失灵	1. 控制油道上的单向阀弹簧折断 2. 变量头与变量壳体磨损 3. 伺服活塞,变量活塞以及弹簧芯轴卡死 4. 个别通油道堵死	1. 更换弹簧 2. 配研两者的圆弧配合面 3. 机械卡死时,用研磨的方法使各运动件灵活;油脏时,更换新油 4. 畅通
泵不能转动 (卡死)	1. 柱塞与油缸卡死(可能是油脏或油温变化引起的) 2. 滑靴落脱(可能是柱塞卡死,或有负载引起的) 3. 柱塞球头折断(原因同 2)	1. 油脏时,更换新油,油温太低时,更换黏度较小的机械油 2. 更换或重新装配滑靴 3. 更换零件

能达到较高的配合精度，具有良好的密封性，从而使泄漏量减小。因此柱塞泵能承受较高的压力和有较高的容积效率。

柱塞泵主要零件都受压应力，充分发挥了材料性能，可在高压下工作。这样，在同样功率时，就比其他泵结构紧凑、体积小、质量轻。

轴向柱塞泵可以得到较大的流量（400L/min或更大）；自吸能力强，CY14-1型泵油高度可达800mm，在结构上容易实现流量调节。缺点是结构较其他形式复杂，材料及加工精度要求较高，制造工作量较大，价格较贵。

由于上述特点，在需要高压力、大流量及大功率的系统中以及流量需要调节的场合中，都采用轴向柱塞泵和轴向柱塞马达。

轴向柱塞泵广泛应用于金属切削机床、起重运输机械、矿山机械、铸锻机械及其他机械设备的液压系统中。

轴向柱塞泵故障产生原因及排除方法见表4-6。

4.5　各类液压泵的性能比较及应用

为比较前述各类液压泵的性能，有利于选用，它们的主要性能及应用场合见表4-7。

表 4-7　各类液压泵的性能比较及应用

类型 项目	齿轮泵	双作用叶片泵	限压式变量叶片泵	轴向柱塞泵	径向柱塞泵	螺杆泵
工作压力/MPa	<20	6.3～21	≤7	20～35	10～20	<10
容积效率	0.70～0.95	0.80～0.95	0.80～0.90	0.90～0.98	0.85～0.95	0.75～0.95
总效率	0.60～0.85	0.75～0.85	0.70～0.85	0.85～0.95	0.75～0.92	0.70～0.85
流量调节	不能	不能	能	能	能	不能
流量脉动率	大	小	中等	中等	中等	很小
自吸特性	好	较差	较差	较差	差	好
对油的污染敏感性	不敏感	敏感	敏感	敏感	敏感	不敏感
噪声	大	小	较大	大	大	很小
单位功率造价	低	中等	较高	高	高	较高
应用范围	机床、工程机械、农机、航空、船舶、一般机械	机床、注塑机、液压机、起重运输机械、工程机械、飞机	机床、注塑机	工程机械、锻压机械、起重运输机械、矿山机械、冶金机械、船舶、飞机	机床、液压机、船舶机械	精密机床、精密机械、食品、化工、石油、纺织等机械

思考题

1. 液压泵的工作原理是什么？其工作压力取决于什么？
2. 什么是齿轮泵的困油现象？如何解决？
3. 齿轮泵的泄漏路径有哪些？提高齿轮泵的压力首要问题是什么？
4. 双作用叶片泵工作原理是什么？
5. 双作用叶片泵结构上有哪些特点？
6. 外反馈单作用叶片泵工作原理是什么？
7. 轴向柱塞泵的工作原理是什么？如何调节流量？

5 液压缸

液压缸是液压传动系统中的执行元件，是将液压能转变为机械能做直线往复运动的能量转换装置。

5.1 液压缸的分类及特点

液压缸的种类繁多，分类方法各异。可按运动方式、作用方式、结构形式的不同进行分类。表 5-1 是按液压缸的作用数及结构形式进行分类的。

活塞或柱塞在工作行程中是由油液压力来驱动，只有一端有油口。在返回行程中则靠自重、负荷或弹簧力的作用来实现。

表 5-1 液压缸的分类

类 型		职能符号	特 点
活塞缸	单杆 单作用		单向液压驱动,回程靠自重、弹簧力或其他外力
	单杆 双作用		双向液压驱动
	单杆 差动		可加速无杆腔进油时的速度,但推力相应减小
	双杆		可实现等速往复运动
柱塞缸			单向液压驱动,柱塞组受力较好
伸缩缸	单作用		用液压由大到小逐节推出,然后靠自重由小到大逐节缩回
	双作用		双向液压驱动,伸出由大到小逐节推出,缩回由小到大逐节缩回

续表

类　型		职能符号	特　　点
组合液压缸	弹簧复位液压缸		单向液压驱动,由弹簧力复位
	串联液压缸		用于缸的直径受限制,而长度不受限制,能获得大的推动力
	增压缸	A　　　　B	由低压力室 A 缸驱动,使 B 室获得高压油源
	齿条传动液压缸		活塞的往复运动经装在一起的齿条驱动齿轮获得往复回转运动

　　活塞在工作行程和返回行程都是由油液压力来驱动,往返行程均可以有负载,在缸体的两端都有油口轮流吸油和排油。

　　活塞可以在一侧有活塞杆,也可以双侧都有活塞杆,前者通常称做单杆活塞液压缸,后者通常称为双杆活塞液压缸。由于单杆液压缸活塞两侧的有效面积不相等,当输入相同的油压和流量时,其两个方向的作用力和运行速度是不相等的。而双杆液压缸活塞两侧的有效面积相等,所以当输入相同的油压和流量时,活塞的往复运动速度与两侧作用力都是相等的。双杆活塞液压缸在机床上用得较多。

　　活塞式液压缸可以缸体固定,活塞杆移动;也可以活塞杆固定,缸体移动。

5.2　典型液压缸及其工作原理

5.2.1　单活塞杆双作用液压缸

　　单活塞杆液压缸的活塞只有一端带有活塞杆,其活塞两侧液压油的有效作用面积不同(活塞杆占掉一部分作用面积),如图 5-1 所示。其工作情况可以分为三种情况（如图 5-1 所示）：一是无杆腔进油,有杆腔回油;二是有杆腔进油,无杆腔回油;三是无杆腔和有杆腔连通后再与油口连接,这种情况称为差动连接。在这三种情况下,活塞杆的运动速度和所能提供的作用力各不相同。

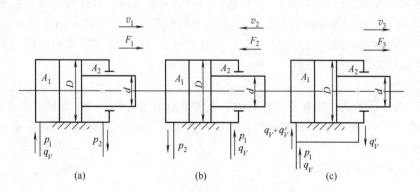

图 5-1　单活塞杆液压缸计算简图

（1）无杆腔进油，有杆腔回油

如图 5-1(a) 所示，无杆腔进油，有杆腔回油。此时有效作用面积为活塞大端面积，活塞向右移动。

① 活塞运动速度。

$$v_1 = \frac{q_V}{A_1} = \frac{4q_V}{\pi D^2} \tag{5-1}$$

式中　q_V——输入液压缸的油流量；

　　　　D——活塞直径。

② 活塞输出作用力。

$$F_1 = p_1 A_1 - p_2 A_2 = \frac{\pi}{4}[D^2 p_1 - (D^2 - d^2)p_2] \tag{5-2}$$

式中　p_1，p_2——液压缸的进、回油压力；

　　　　A_1，A_2——无杆腔、有杆腔的有效作用面积。

当回油直接排回油箱时，回油腔压力（若背压）很小，可略去不计，则

$$F_1 = p_1 A_1 = \frac{\pi}{4} D^2 p_1 \tag{5-3}$$

（2）有杆腔进油，无杆腔回油

如图 5-1(b) 所示，有杆腔进油，无杆腔回油。此时有效作用面积为活塞大端面积减去活塞杆面积，活塞向左移动。

① 活塞运动速度。

$$v_2 = \frac{q_V}{A_2} = \frac{4q_V}{\pi(D^2 - d^2)} \tag{5-4}$$

② 活塞输出作用力。

$$F_2 = p_1 A_2 - p_2 A_1 = \frac{\pi}{4}[(D^2 - d^2)p_1 - D^2 p_2] \tag{5-5}$$

若背压可忽略不计

$$F_2 = \frac{\pi}{4}(D^2 - d^2)p_1 \tag{5-6}$$

由上述计算公式可以看出：

① 单活塞杆液压缸两个油腔的输入流量不变的情况下，由于两个油腔的有效作用面积不相等，活塞的往返速度也不相等。无杆腔进油时活塞速度慢，有杆腔进油时活塞速度快；

② 单活塞杆液压缸两个油腔的输入压力不变的情况下，由于两个油腔的有效作用面积不相等，活塞能够提供的作用力也不相等。无杆腔进油时活塞能够提供的作用力大，有杆腔进油时活塞能够提供的作用力小。

（3）差动油缸

如图 5-1(c) 所示的油缸作差动连接时，差动油缸的无杆腔、有杆腔同时与进油口连接，活塞两侧压力相等，但由于无杆腔有效作用面积大于有杆腔有效作用面积，活塞受到的总作用力推动活塞向右移动。

① 差动连接时活塞运动速度。

$$v_3 = \frac{4q_V}{\pi d^2} \tag{5-7}$$

② 差动连接时的作用力。

$$F_3 = \frac{\pi}{4} d^2 p_1 \tag{5-8}$$

由式（5-7）和式（5-8）可知，差动连接时实际起有效作用的面积是活塞杆的横截面积。与非差动连接无杆腔进油工况相比，在输入油液压力和流量相同的条件下，活塞杆伸出速度较大而推力较小。实际应用中，液压系统常通过控制阀来改变单杆缸的油路连接，使其有不同的工作方式，从而获得快进（差动连接）—工进（无杆腔进油）—快退（有杆腔进油）的工作循环。

有时为了实现差动液压缸快速进、退速度相等，取 $D = \sqrt{2} d$。

5.2.2 双活塞杆双作用液压缸

图 5-2 为双活塞杆液压缸。若双活塞杆液压缸两侧的活塞杆直径相同时，两腔的有效作用面积也相同，当输入流量为 q，进油压力为 p_1，回油压力为 p_2 时，活塞往返时的运动速度以及能够提供的作用力一致。

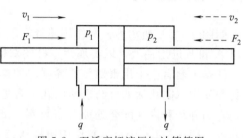

图 5-2 双活塞杆液压缸计算简图

① 活塞运动速度。

$$v_1 = v_2 = \frac{4q}{\pi(D^2 - d^2)} \tag{5-9}$$

② 活塞输出作用力。

$$F = \frac{\pi}{4}(D^2 - d^2)(p_1 - p_2) \tag{5-10}$$

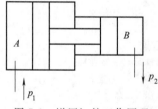

图 5-3 增压缸的工作原理

5.2.3 增压液压缸

在液压系统中，整个系统需要低压，但局部需要高压时，为节约高压泵，可以使用增压缸，将液压泵输出的较低压力转变为较高压力输送给需要高压的局部元件。图 5-3 所示为增压缸的工作原理图。增压缸的活塞在双侧压力作用下处于平衡状态，通过活塞的受力平衡计算，可确定增压缸的输出压力 p_2。

$$p_2 = \frac{A_1}{A_2} p_1 = k p_1 \tag{5-11}$$

5.2.4 增力液压缸

当液压缸的直径受到安装条件限制不能太大，而液压缸长度没有限制时，为了增大液压缸的推力，可以采用增力液压缸。

增力液压缸是由两个单杆活塞缸串联而成的，如图 5-4 所示。两个单杆活塞液压缸的活塞缸连成一体，一起动作。当油液同时输入两个液压缸的左腔时，串联活

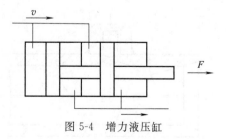

图 5-4 增力液压缸

塞杆右移，两液压缸的右腔同时回油，活塞杆所能提供的推力和速度可计算如下。

① 活塞作用力。

$$F = \frac{\pi}{4}(2D^2 - d^2)p \qquad (5\text{-}12)$$

② 活塞运动速度。

$$v = \frac{4q}{\pi(2D^2 - d^2)} \qquad (5\text{-}13)$$

5.3 液压缸的结构

如图 5-5(a) 所示为一双作用单杆活塞缸的结构。由图可见，液压缸的左右两腔是通过油口 A 和 B 进出油液，以实现活塞杆的双向运动。活塞用卡环 4、套环 3 和弹簧挡圈 2 等定位。活塞上套有一个用聚四氟乙烯制成的支撑环 7，密封则靠一对 Y 形密封圈 9 保证。O 形密封圈 6 用以防止活塞杆与活塞内孔配合处产生泄漏。导向套 12 用于保证活塞杆不偏离中心，它的外径和内孔配合处都有密封圈。此外缸盖上还有防尘圈 15，活塞杆左端带有缓冲柱塞等。图 5-5(b) 所示为双作用单杆活塞缸职能符号。

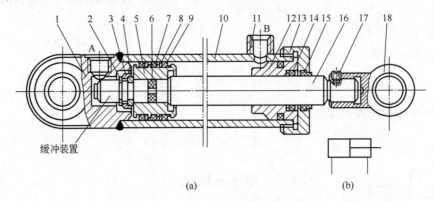

图 5-5 单杆活塞液压缸结构

1—缸底；2—弹簧挡圈；3—套环；4—卡环；5—活塞；6—O 形密封圈；7—支撑环；
8—挡圈；9—Y 形密封圈；10—缸筒；11—管接头；12—导向套；13—缸盖；
14—密封圈；15—防尘圈；16—活塞杆；17—定位螺钉；18—耳环

从上面的例子可以看到，液压缸的结构基本上可以分为缸筒、缸底、活塞、活塞杆、缸盖、密封装置、缓冲装置和排气装置等。

5.3.1 缸筒、缸底、缸盖

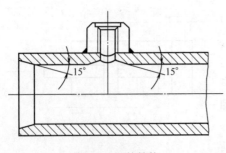

图 5-6 缸筒结构

缸筒是液压缸的主体，必须具有足够的强度，能长期承受最高工作压力，缸筒内壁应具有足够的耐磨性、高的几何精度和低的表面粗糙度，以承受活塞频繁往复摩擦，保证活塞密封件的可靠密封。

缸筒的结构主要取决于其与缸盖、缸底的连接形式。在缸筒的入口处及有密封通过的孔、槽处，为了装配不损坏密封件，缸筒内壁应加工成

15°的坡口，如图 5-6 所示。

当缸筒上焊有缸底、耳轴（销）或管接头等零件时，宜用 35 号钢，并在加工后调质处理；当缸筒上无焊接零件时，一般采用 45 号钢，调质处理；也可用锻钢、铸钢等材料。当其承受很大负荷时，常采用高强度合金无缝钢管作缸筒。缸盖材料常用 35 号、40 号钢锻件，或 ZG270～ZG500、ZG310～ZG570 及 HT250、HT300 等灰铸铁件等。缸底材料常用 35 号或 45 号钢的锻件、铸件或焊接制成，也可采用球墨铸铁或灰铸铁。

缸筒与缸底的连接有多种形式，比如焊接、螺纹连接、卡键连接、法兰连接等，考虑到使用的安全性，目前多采用焊接。缸筒与缸盖的连接也有多种形式，比如焊接、螺纹连接、卡键连接、法兰连接等，考虑到维修、拆装方便，目前多采用螺纹连接。

5.3.2　活塞与活塞杆

活塞杆是液压缸传力的主要零件，由于液压缸被用于各种不同的条件，因此要求活塞杆能经受压缩、拉伸、弯曲、振动、冲击等载荷作用，还必须具有耐磨和耐腐蚀等性能。

活塞杆材料可用 35 号钢、45 号钢或无缝钢管做成实心杆或空心杆。活塞杆的强度一般是足够的，主要是考虑细长活塞杆在受压时的稳定性。

活塞杆表面镀铬（镀白铬或黄铬）并抛光，以提高其耐磨性和防锈蚀。对于碰撞较多的液压缸活塞杆（比如挖掘机、推土机、装载机等液压传动系统中的液压活塞杆），工作表面宜先经过高频淬火或火焰淬火（淬火深度 0.5～1.0mm，硬度 50～60HRC）。对于空心杆，其结构的一端需留出焊接和热处理用的通气孔。

活塞材料通常采用钢、耐磨铸铁或铸铁，有时也用黄铜或铝合金。

活塞与活塞杆连接形式很多。在高压大负载下常采用焊接，对于一般载荷多采用螺纹连接，但需备有螺帽防松装置。

5.3.3　缓冲装置

为了避免活塞在行程两端撞击缸盖或缸底，产生噪声，影响工作精度以至损坏机件，常在液压缸两端放置缓冲装置。图 5-7 表示了缓冲装置的原理。图 5-7(a) 中，当缓冲柱塞进入与其相配合的缸底上的内孔时，液压油必须通过间隙才能排除，使活塞速度降低。由于配合间隙是不变的，因此随着活塞运动速度的降低，其缓冲作用逐渐减弱。图 5-7(b) 中，当缓冲柱塞进入配合孔后，液压油必须经节流阀排出。由于节流阀是可调的，缓冲作用也可调

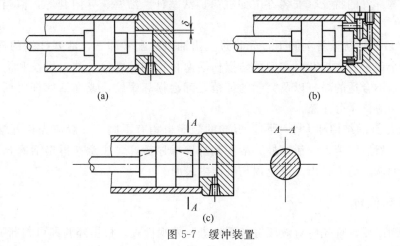

(a)　　　　　　　　(b)

(c)

图 5-7　缓冲装置

节，但仍不能解决速度减低后缓冲作用减弱的缺点。图 5-7(c) 中，在缓冲柱塞上开有三角槽，其节流面积越来越小，这在一定程度上可解决在行程最后阶段缓冲作用过弱的问题。

5.3.4　排气装置

液压传动系统在安装过程中或长时间停止工作之后，难免会渗入空气，另外工作介质中也会有空气，由于气体具有可压缩性，将使执行元件产生爬行、噪声和发热等一系列不正常现象。因此，在设计液压缸的结构时，要保证能及时排除积留在液压缸内的气体。一般在液压缸内腔的最高部位放置专门的排气装置，如排气螺钉、排气阀等，如图 5-8 所示，以便于液压缸内的气体逸出液压缸外。

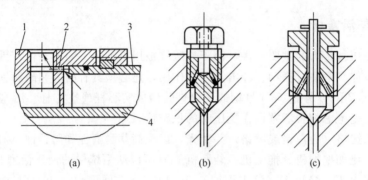

图 5-8　液压缸的排气装置

1—缸盖；2—排气小孔；3—缸筒；4—活塞杆

5.4　液压缸的拆装修理

5.4.1　拆卸

① 首先应开动液压系统，将活塞的位置借助液压力移到适于拆卸的一个顶端位置。

② 在进行拆卸之前，切断电源，使液压装置停止运动。

③ 为了分析液压缸的受力情况，以便帮助查找液压缸的故障及损坏原因在拆卸液压缸以前，对主要零部件的特征、安装方位如缸筒、活塞杆、活塞、导向套等，应当做上记号，并记录下来。

④ 为了将液压缸从设备上卸下，先将进、出油口的配管卸下，活塞杆端的连接头和安装螺栓等需要全部松开。拆卸时，应严防损伤活塞杆顶端的螺纹、油口螺纹和活塞杆表面。譬如，拆卸中，不合适的敲打以及突然的掉落，都会损坏螺纹，或在活塞杆表面产生打痕。因此，在操作中应该十分注意。

⑤ 由于液压缸的结构和大小不同，拆卸的顺序也稍有不同。一般应先松开端盖的紧固螺栓或连接杆，然后将端盖、活塞杆、活塞和缸筒顺序拆卸。注意在拆出活塞与活塞杆时，不应硬性将它们从缸筒中打出，以免损伤缸筒内表面。

5.4.2　检查与修理

液压缸拆卸以后，首先应对液压缸各零件进行外观检查，根据经验即可判断哪些零件可以继续使用，哪些零件必须更换和修理。

（1）缸筒内表面

缸筒内表面有很浅的线状摩擦伤或点状伤痕，是允许的，对实用无妨。如果有纵状拉伤深痕时，即使更换新的活塞密封圈，也不可能防止漏油，必须对内孔进行研磨，也可用极细的砂纸或油石修正。当纵状拉伤为深痕而无法修正时，就必须重新更换新缸筒。

（2）活塞杆的滑动面

在与活塞杆密封圈做相对滑动的活塞杆滑动面上，产生纵状拉伤或打痕时，其判断与处理方法与缸筒内表面相同。但是，活塞杆的滑动表面一般是镀硬铬的，如果部分镀层因磨损产生剥离，形成纵状伤痕时，活塞杆密封处的漏油对运行影响很大。必须除去旧有的镀层，重新镀铬、抛光。镀铬厚度为 0.05mm 左右。

（3）密封

活塞密封件和活塞杆密封件是防止液压缸内部漏油的关键零件。检查密封件时，应当首先观察密封件的唇边有无损伤，密封摩擦面的磨损情况。当发现密封件唇口有轻微的伤痕，摩擦面略有磨损时，最好能更换新的密封件。对使用长久、材质产生硬化脆变的密封件，也需更换。

（4）活塞杆导向套的内表面

有些伤痕，对使用没有妨碍。但是，如果不均匀磨损的深度在 0.2～0.3mm 时，就应更换新的导向套。

（5）活塞的表面

如活塞表面有轻微的伤痕时，不影响使用。但若伤痕深度达 0.2～0.3mm 时，就应更换新的活塞。另外，还要检查是否有端盖的碰撞、内压引起活塞的裂缝，如有，则必须更换活塞，因为裂缝可能会引起内部漏油。另外还需要检查密封槽是否受伤。

（6）其他

其他部分的检查随液压缸构造及用途而异。但检查时应留意端盖，耳环、铰轴是否有裂纹，活塞杆顶端螺纹，油口螺纹有无异常，焊接部分是否有脱焊、裂缝现象。

5.4.3 装配

（1）准备工作

① 装配所用工具，清洗油液、器皿必须准备就绪。

② 对待装零件进行合格性检查，特别是运动副的配合精度和表面状态。注意去除所有零件上的毛刺、飞边、污垢，清洗要彻底、干净。

（2）装配要点

装配液压缸时，首先将各部分的密封件分别装入各相关元件，然后进行由内到外的安装，安装时要注意以下几点。

① 不能损伤密封件。装配密封圈时，要注意密封圈不可被毛刺或锐角刮损，特别是带有唇边的密封圈和新型同轴密封件应尤为注意。若缸筒内壁上开有排气孔或通油孔，应检查、去除孔边毛刺。缸筒上与油口孔、排气孔相贯通的部位，要用质地较软的材料塞平，再装活塞组件，以免密封件通过这些孔口时划伤或挤破。检查与密封圈接触或摩擦的相应表面，如有伤痕，则必须进行研磨、修正。当密封圈要经过螺纹部分时，可在螺纹上卷上一层密封带，在带上涂上些润滑脂，再进行安装。

在液压缸装配过程中，用洗涤油或柴油将各部分洗净，再用压缩空气吹干，然后在缸筒内表面及密封圈上涂一些润滑脂。这样不仅能使密封圈容易装入，而且在组装时能保护密封圈不受损坏，效果较显著。

② 切勿搞错密封圈的安装方向，安装时不可产生拧扭挤出现象。

③ 活塞杆与活塞装配以后，必须设法用百分表测量其同轴度和全长上的直线度，务使差值在允许范围之内。

④ 组装之前，将活塞组件在液压缸内移动，应运动灵活，无阻滞和轻重不均匀现象后，方可正式总装。

⑤ 装配导向套、缸盖等零件有阻碍时，不能硬性压合或敲打，一定要查明原因，消除故障后再行装配。

⑥ 拧紧缸盖连接螺钉时，要依次对角地施力，且用力要均匀，要使活塞杆在全长运动范围内，可灵活无轻重的运动。全部拧紧后，最好用扭力扳手再重复拧紧一遍，以达到合适的紧固扭力和扭力数值的一致性。

5.4.4　注意事项

① 所有零件要用煤油或柴油清洗干净，不得有任何污物留存在液压缸内。

② 拆装清洗禁用棉纱、破布擦拭零件，以防脱落的棉纱头混入液压系统。

③ 装配过程中，各运动副表面要涂润滑油。

5.5　液压缸常见故障及排除方法

液压缸常见故障及排除方法见表 5-2。

表 5-2　液压缸常见故障及排除方法

故　障	产　生　原　因	排　除　方　法
爬行和局部速度不均匀	1. 空气侵入液压缸 2. 缸盖活塞杆孔密封装置过紧或过松 3. 活塞杆与活塞不同心 4. 液压缸安装位置偏移 5. 液压缸内孔表面直线性不良 6. 液压缸内表面锈蚀或拉毛	1. 设排气阀、排除空气 2. 密封圈密封应保证能用手平稳地拉动活塞杆而无泄漏，活塞杆与活塞同轴度偏差不得大于 0.01mm，否则应校正或更换 3. 活塞杆全长直线度偏差不得大于 0.2mm，否则应校正或更换 4. 液压缸安装位置不得与设计要求相差大于 0.1mm 5. 液压缸内孔椭圆度，圆柱度不得大于内径配合公差之半，否则应进行镗铰或更换缸体 6. 进行镗磨，严重者更换缸体
冲击	1. 活塞与缸体内径间隙过大或节流阀等缓冲装置失灵 2. 纸垫密封冲破，大量泄油	1. 保证设计间隙，过大者应换活塞。检查、修复缓冲装置 2. 更换新纸垫，保证密封
缓冲过长	1. 缓冲装置结构不正确三角节流槽过短 2. 缓冲节流回油口开设位置不对 3. 活塞与缸体内径配合间隙过小 4. 缓冲的回油孔道半堵塞	1. 修正凸台与凹槽，加长三角节流槽 2. 修改节流回油口的位置 3. 加大至要求的间隙 4. 清洗回油孔道
工作速度逐渐下降甚至停止	1. 液压缸和活塞配合间隙太大或 O 形密封圈损坏，造成高低压腔互通 2. 由于工作时经常用工作行程的某一段，造成液压缸孔径直线性不良（局部有腰鼓形），致使液压缸两端高低压油互通 3. 缸端油封压得太紧或活塞杆弯曲，使摩擦力或阻力增加	1. 单配活塞和油缸的间隙或更换 O 形密封圈 2. 镗磨修复液压缸孔径，单配活塞 3. 放松油封，以不漏油为限，校直活塞杆

故　障	产　生　原　因	排　除　方　法
工作速度 逐渐下降 甚至停止	4. 泄漏过多，无法建立 5. 油温太高，黏度太小，靠间隙密封或密封质量差的液压缸行速变慢。若油缸两端高低油互通，运动速度逐渐减慢直至停止 6. 液压泵的吸入侧吸进空气，造成液压缸的运动不平稳，速度下降 7. 为提高液压缸速度所采用蓄能器的压力或容量不足 8. 液压缸的载荷过高 9. 液压缸缸壁胀大，活塞通过胀大的部位，活塞密封的外缘即有漏油现象，此时液压缸速度要下降或停止不动 10. 异物进入滑动部位，引起挠接现象。造成工作阻力增大	4. 寻找泄漏部位，紧固各接合面 5. 分析发热原因，设法散热降温；如密封间隙过大则单配活塞或增装密封环 6. 产生此种情况，液压泵将有噪声，故容易察觉。排除方法可按泵的有关措施进行 7. 蓄能器容量不足时更换蓄能器，压力不足时可充压 8. 将所加载荷必须控制在额定载荷的80%左右 9. 镗磨修复液压缸孔径 10. 排除异物，镗磨修复液压缸孔径

思考题

1. 常用的液压缸有几种类型？有何特点？
2. 液压缸为什么设置排气装置、缓冲装置？
3. 什么是差动连接？其特点有哪些？
4. 液压缸如何拆卸修理？
5. 液压缸常见故障有哪些？如何排除？

6 液压马达

6.1 液压马达类型及应用范围

液压马达是将液压能转化成机械能，并能输出旋转运动的液压执行元件。向液压马达通入压力油后，由于作用在转子上的液压力不平衡而产生扭矩，使转子旋转。它的结构与液压泵相似。从工作原理上看，任何液压泵都可以做液压马达使用，反之亦然。但是，由于泵和马达的用途和工作条件不同，对它们的性能要求也不一样，所以相同结构类型的液压马达和液压泵之间有许多区别。液压马达和液压泵工作方面的区别见表 6-1。

表 6-1　液压马达和液压泵工作方面的区别

项　　目	液　压　泵	液　压　马　达
能量转换	机械能转换为液压能,强调容积效率	液压能转换为机械能,强调机械效率
轴转速	相对稳定,且转速较高	变化范围大,有高有低
轴旋转方向	通常为一个方向,但承压方向及液流方向可以改变	多要求双向旋转。某些马达要求能以泵的方式运转,对负载实施制动
运转状态	通常为连续运转,速度变化相对较小	有可能长时间运转或停止运转,速度变化大
输入(出)轴上径向载荷状态	输入轴通常不承受径向载荷	输出轴大多承受变化的径向载荷
自吸能力	有自吸能力	无要求

液压马达可分为高速马达、中速马达和低速马达三大类。一般认为额定转速高于 600 r/min 的属于高速马达，额定转速低于 100r/min 的属于低速马达。

高速马达的主要特点是转速高，转动惯量小，便于启动和制动，调速和换向灵敏度高，而输出的扭矩不大，仅几十牛·米到几百牛·米，故又称高速小扭矩马达。这类马达主要有内、外啮合式齿轮马达、叶片式马达和轴向柱塞马达。它们的结构与同类型的液压泵基本相同。但是由于作为马达工作时的要求不同，所以同类型的马达与泵在结构细节上有一些差别，不能互相代用。

低速马达的基本形式是径向柱塞式。其主要特点是排量大、体积大、低速稳定性好，一般可在 10r/min 以下平稳运转，因此可以直接与工作机构连接，不需要减速装置，使机械传动机构大大简化。因其输出扭矩较大，可以达到几千牛·米到几万牛·米，所以又称为低速大扭矩马达。

中速中扭矩马达主要包括双斜盘轴向柱塞马达和摆线马达。

各类液压马达的应用范围见表 6-2。

表 6-2　各类液压马达的应用范围

类 型		适 用 工 况	应 用 实 例
高速小扭矩马达	齿轮马达　外啮合	适用于高速小扭矩、速度平稳性要求不高、对噪声限制不大的场合	钻床、风扇转动、工程机械、农业机械、林业机械的回转机液压系统
	齿轮马达　内啮合	适合于高速小扭矩、对噪声限制大的场合	
	叶片马达	适用于扭矩不大、噪声要求小、调速范围宽的场合。低速平稳性好，可作伺服马达	磨床回转工作台、机床操纵机构、自动线及伺服机构的液压系统
	轴向柱塞马达	适用于负载速度大、有变速要求或中高速小扭矩的场合	起重机、绞车、铲车、内燃机车、数控机床等的液压系统
低速大扭矩马达	径向马达　曲轴连杆式	适用于低速大扭矩的场合，起动性较差	塑料机械、行走机械、挖掘机、拖拉机、起重机、采煤机牵引部件等的液压系统
	径向马达　内曲线式	适用于低速大扭矩、速度范围较宽、启动性好的场合	
	径向马达　摆缸式	适用于低速大扭矩的场合	
中速中扭矩马达	双斜盘轴向柱塞马达	低速性能好，可做伺服马达	适用范围广，但不宜在快速性要求严格的控制系统中使用
	摆线马达	用于中低负载速度、体积要求小的场合	塑料机械、煤矿机械、挖掘机、行走机械等的液压系统

6.2　齿轮液压马达

　　齿轮液压马达的结构和工作原理如图 6-1 所示，图中 P 为两齿轮的啮合点。设齿轮的齿高为 h，啮合点 P 到两齿根的距离分别为 a 和 b，由于 a 和 b 都小于 h，所以当压力油作用在齿面上时（如图中箭头所示，凡齿面两边受力平衡的部分都未用箭头表示）在两个齿轮上都有一个使它们产生转矩的作用力 $pB(h-a)$ 和 $pB(h-b)$，其中 p 为输入油液的压力，B 为齿宽，在上述作用力下，两齿轮按图示方向旋转，并将油液带回低压腔排出。

　　和一般齿轮泵一样，齿轮液压马达由于密封性较差，容积效率较低，所以输入的油压不能过高，因而不能产生较大转矩，并且它的转速和转矩都是随着齿轮的啮合情况而脉动的。因此，齿轮液压马达一般多用于高转速低转矩的情况。

　　齿轮马达的结构与齿轮泵相似，但有以下特点。

　　① 进出油道对称，孔径相等，这使齿轮马达能正反转。

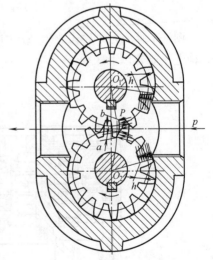

图 6-1　齿轮液压马达的工作原理

② 采用外泄漏油孔，因为马达回油腔压力往往高于大气压力，采用内部泄油会把轴端油封冲坏。特别是当齿轮马达反转时，原来的回油腔变成了压油腔，情况将更严重。

③ 多数齿轮马达采用滚动轴承支撑，以减小摩擦力而便于马达启动。

④ 不采用端面间隙补偿装置，以免增大摩擦力矩。

⑤ 齿轮马达的卸荷槽对称分布。

6.3 叶片式液压马达

常用的叶片式液压马达为双作用式，所以不能变量，其工作原理如图 6-2 所示。压力油从进油口进入叶片之间，位于进油腔的叶片有 3、4、5 和 7、8、1 两组。分析叶片受力情况可知，叶片 4 和 8 两侧均受高压油作用，作用力互相抵消不产生扭矩。叶片 3、5 和叶片 7、1 所承受的压力不能抵消，产生一个顺时针方向转动的力矩 M，而处在回油腔的 1、2、3 和 5、6、7 两组叶片，由于腔中压力很低，所产生的力矩可忽略不计，因此，转子在力矩 M 的作用下按顺时针方向旋转。若改变输油方向，液压马达即反转。

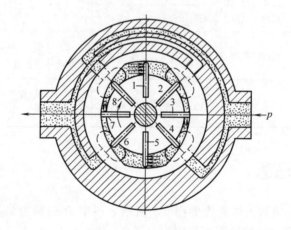

图 6-2　叶片式液压马达工作原理

图 6-3 所示为叶片式液压马达的结构。为使液压马达正常工作，叶片式马达与叶片泵在结构上主要有以下区别：

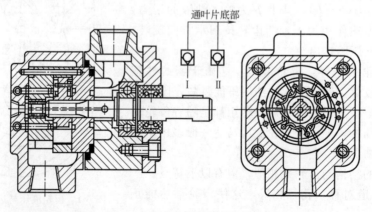

图 6-3　叶片式液压马达的结构

① 叶片槽是径向设置的，这是因为液压马达有双向旋转的要求；

② 叶片的底部有蝶形弹簧，以保证在初始条件下叶片贴紧定子内表面，形成密封容积；

③ 泵的壳体内有两个单向阀，进、回油腔的油经单向阀选择后才能进入叶片底部。

如图 6-3 所示，不论Ⅰ、Ⅱ腔哪个为高压腔，压力油均能进入叶片底部，使叶片与定子内表面压紧。

6.4 轴向柱塞式液压马达

6.4.1 工作原理

如图 6-4 所示为轴向柱塞式液压马达工作原理。斜盘 1 和配流盘 4 固定不动，柱塞 2 可在回转缸体 3 的孔内移动。斜盘中心线与回转缸体中心线间的倾角为 γ。高压油经配流盘窗口进入回转缸体 3 的柱塞孔时，处在高压腔中的柱塞被顶出，压在斜盘上。斜盘对柱塞的反作用力 F，可分解为与柱塞上液压力平衡的轴向分力 F_x 和作用在柱塞上（与斜盘接触处）的垂直分力 F_y。垂直分力 F_y，使回转缸体产生转矩，带动马达轴转动。

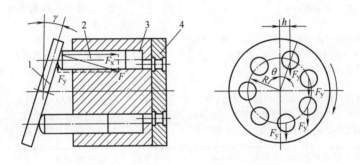

图 6-4　轴向柱塞式液压马达工作原理
1—斜盘；2—柱塞；3—回转缸体；4—配流盘

6.4.2 典型结构

如图 6-5 所示为轴向液压马达的典型结构。在回转缸体 7 和斜盘 2 间装入鼓轮 4。在鼓轮半径为 R 的圆周上均匀分布着推杆 10，液压力作用在回转缸体 7 孔中的柱塞 9 上，并通过推杆作用在斜盘上。推杆在斜盘的反作用下产生一个对轴 1 的转矩，迫使鼓轮转动。鼓轮又通过联接键带动马达的轴旋转。回转缸体还可在弹簧 5 和柱塞孔内压力油的作用下，紧贴在配流盘 8 上。这种结构可使回转缸体只受轴向力，因而配流盘表面、柱塞和缸体上的柱塞孔磨损均匀；还可使回转缸体内孔与马达轴的接触面积较小，有一定的自位作用，保证缸体与配流盘很好地贴合，减少了端面的泄漏，并使配流盘表面磨损后能得到自动补偿。这种液压马达的斜盘倾角固定，所以是一种定量液压马达。

6.4.3 轴向柱塞液压马达常见故障及排除方法

轴向柱塞液压马达的故障产生原因及排除方法见表 6-3。

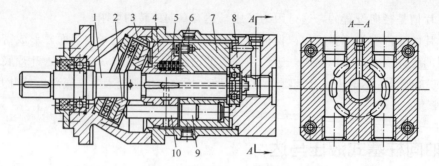

图 6-5　轴向液压马达典型结构

1—轴；2—斜盘；3—推力轴承；4—鼓轮；5—弹簧；6—拨销；7—回转缸体；8—配流盘；9—柱塞；10—推杆

表 6-3　轴向柱塞液压马达的故障产生原因及排除方法

故障现象	产　生　原　因	排　除　方　法
转速低 转矩小	1. 液压泵供油量不足,可能是: ①电动机的转速过低 ②吸油口的滤油器被污物堵塞,油箱中的油液不足,油管孔径过小等因素,造成吸油不畅 ③系统密封不严,有泄漏,空气侵入 ④油液黏度太大 ⑤液压泵径向,轴向间隙过大,容积效率降低 2. 液压泵输入的油压不足,可能是: ①系统管道长,通道小 ②油温升高,黏度降低,内部泄漏增加 3. 液压马达各接合面严重泄漏 4. 液压马达内部零件磨损,内部泄漏严重	1. 相应采取如下措施: ①核实后调换电动机 ②清洗滤油器,加足油液,适当加大油管孔径,使吸油通畅 ③紧固各连接处,防止泄漏和空气侵入 ④一般使用 N32 润滑油,若气温低而黏度增加,可改用 N15 润滑油 ⑤修复油泵 2. 相应采取如下措施: ①尽量缩短管道,减小弯角和折角,适当增加弯道截面积 ②更换黏度较大的油液 3. 紧固各接合面螺钉 4. 修配或更换磨损件
噪声厉害	1. 液压泵进油处的滤油器被污物堵塞 2. 密封不严而大量空气进入 3. 油液不清洁 4. 联轴器碰擦或不同心 5. 油液黏度过大 6. 马达活塞的径向尺寸严重磨损 7. 外界振动的影响	1. 清洗滤油器 2. 紧固各连接处 3. 更换清洁的油液 4. 校正同心并避免碰擦 5. 更换黏度较小的油液(N15 润滑油) 6. 研磨转子内孔单配活塞 7. 隔绝外界振动
外部泄漏	1. 传动轴端的密封圈损坏 2. 各接合面及管接头的螺钉或螺母未拧紧 3. 管塞未旋紧	1. 更换密封圈 2. 拧紧各接合面的螺钉及管接头处的螺母 3. 旋紧管塞
内部泄漏	1. 弹簧疲劳,转子和配流盘端面磨损使轴向间隙过大 2. 柱塞外圆与转子孔磨损	1. 更换弹簧修磨转子和配流盘端面 2. 研磨转子孔,单配柱塞

6.5　径向柱塞式液压马达

6.5.1　工作原理

径向柱塞式液压马达是低速大扭矩液压马达的基本形式。它的特点是输入油液压力高,排量大，可在马达轴转速为 10r/min 以下平稳运转，低速稳定性好，输出转矩大。

如图 6-6 所示为连杆型径向柱塞马达的结构原理。在壳体内有五个沿径向均匀分布的柱塞缸，柱塞 2 通过球铰与连杆 3 相连接。连杆的另一端与曲轴 4 的偏心轮外圆接触。配流轴 5 与曲轴 4 通过联轴器相连。

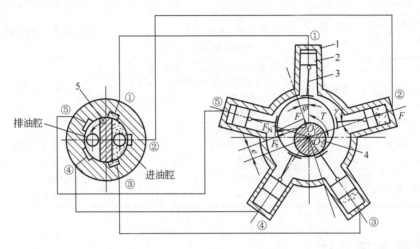

图 6-6　连杆型径向柱塞马达结构原理

1—壳体；2—柱塞；3—连杆；4—曲轴；5—配流轴

压力油经配流轴进入马达的进油腔后，通过壳体槽①②③进入相应柱塞缸的顶部，作用在柱塞上的液压作用力 F_N，通过连杆作用于偏心轮中心 O_1。它的切向力 F_τ 对曲轴旋转中心形成转矩 T，使曲轴逆时针转动。由于三个柱塞缸位置不同，所以产生转矩的大小也不同。曲轴输出的总转矩等于与高压腔相连通的柱塞所产生的转矩之和。此时柱塞缸④⑤与排油腔相连通，油液经配流轴流回油箱。曲轴旋转时带动配流轴同步旋转。因此配流状态不断发生变化，从而保证曲轴会连续旋转。若进、排油腔互换，则液压马达反转，过程与以上相同。

6.5.2 径向柱塞液压马达常见故障及排除方法

径向柱塞式大转矩液压马达的主要故障及其排除方法见表 6-4。

表 6-4　径向柱塞式大转矩液压马达的主要故障及其排除方法

故　障　现　象	产　生　原　因	排　除　方　法
液压系统的压力较低时，输出轴的转动不均匀	1. 液压系统内有空气 2. 液压泵供给的工作液体流量不均匀	1. 排除进入液压系统的空气 2. 消除工作液体流量不均匀的原因
液压系统的压力有很大的波动，输出轴的转动不均匀	1. 配流器的安装不正确 2. 柱塞被卡紧	1. 转动配流器至清除轴转动不均匀的现象 2. 拆开液压马达修理
液压马达中发出激烈的撞击声。每转的冲击次数等于液压马达的作用数	柱塞被卡紧	拆开液压马达修理

续表

故 障 现 象	产 生 原 因	排 除 方 法
液压马达中有时发出撞击声	1. 配流器错位 2. 凸轮环工作表面损坏 3. 滚轮的轴承损坏	1. 正确安装配流器 2. 拆开液压马达修理 3. 更换
在额定的流量下,液压马达的转速不能达到给定值	1. 集流器漏油 2. 配流器的间隙太大 3. 柱塞和柱塞缸的间隙太大	拆开液压马达修理
液压马达的输出扭矩达不到要求	1. 由于集流器漏油、配油器间隙太大,柱塞和柱塞缸的间隙太大,使进入液压马达的液体压力低于额定压力 2. 柱塞被卡紧	拆开液压马达修理
液压马达的输出轴不旋转	1. 配流器被卡紧 2. 滚轮的轴承损坏 3. 主轴或者其他零件损坏	拆开液压马达修理
油通过壳体或轴密封处泄漏	1. 紧固螺栓松动 2. 密封件损坏	1. 拧紧螺栓 2. 更换密封件

6.6 摆动液压马达

摆动液压马达是实现往复摆动的执行元件,输入为压力和流量,输出为转矩和角速度。摆动液压马达的结构比连续旋转的液压马达结构简单,以叶片式摆动液压马达应用较多。

叶片式摆动液压马达有单叶片式和双叶片式两种。如图 6-7(a) 所示为单叶片式摆动液压马达的结构原理;图 6-7(b) 为摆动液压马达的图形符号。摆动液压马达的轴 3 上装有叶片 4,叶片和封油隔板 2 将缸体 1 内的密封空间分为两腔。当缸的一个油口接通压力油,而另一油口接通回油时,叶片在油压作用下往一个方向摆动,带动轴偏转一定的角度(小于360°);当进、回油的方向改变时,叶片就带动轴往相反的方向偏转。

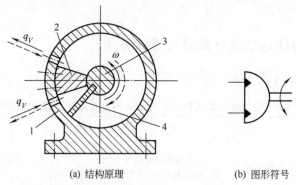

(a) 结构原理   (b) 图形符号

图 6-7 摆动液压马达的结构原理和图形符号

1—缸体;2—隔板;3—轴;4—叶片

双叶片式摆动液压马达的摆动角一般不超过 150°,摆动轴输出转矩是单叶片式的两倍,而摆动角速度是单叶片式的一半。

摆动液压马达结构紧凑,输出转矩大,但密封较困难,一般只用于中低压系统。随着结构和工艺的改进,密封材料的改善,其应用范围已扩大到中高压系统。

思考题

1. 液压马达与液压泵有何差异？
2. 了解各种液压马达的工作原理、结构特点及应用。
3. 径向柱塞式大转矩液压马达的主要故障有哪些？如何排除？
4. 轴向柱塞式大转矩液压马达的主要故障有哪些？如何排除？

7 液压控制阀

7.1 概述

在液压系统中，用于控制和调节工作液体的压力高低、流量大小以及改变流量方向的元件，统称为液压控制阀。液压控制阀通过对工作液体的压力、流量及液流方向的控制与调节，从而可以控制液压执行元件的开启、停止和换向，调节其运动速度和输出扭矩（或力），并对液压系统或液压元件进行安全保护等。因此，采用各种不同的阀，经过不同形式的组合，可以满足各种液压系统的要求。

7.1.1 液压控制阀分类

（1）按用途分类

① 压力控制阀。用于控制或调节液压系统或回路压力的阀，如溢流阀、减压阀、顺序阀、压力继电器等。

② 方向控制阀。用于控制液压系统中液流的方向及其通、断，从而控制执行元件的运动方向及其启动、停止的阀，如单向阀、换向阀等。

③ 流量控制阀。用于控制液压系统中工作液体流量大小的阀，如节流阀、调速阀、分集流阀等。

（2）按安装连接方式分类

① 螺纹连接阀。通过阀体上的螺纹孔直接与管接头、管路相连接的阀。这种阀不需要过渡的连接安装板，因此结构简单，但只适用于较小流量的阀类。缺点是元件布置分散，系统不够紧凑。

② 法兰连接阀。通过法兰与管子、管路连接的阀。法兰连接适用于大流量的阀，其结构尺寸和质量都大。

③ 板式连接阀。采用专用的过渡连接板连接阀与管路的阀。板式连接阀只需用螺钉固定在连接板上，再把管路与连接板相连。这种连接方式在装卸时不影响管路，并且有可能将阀集中布置，结构紧凑。

④ 集成连接阀。集成连接是由标准元件或以标准参数制造的元件按典型动作要求组成基本回路，然后将基本回路集成在一起组成液压系统的连接形式。它包括将若干功能不同的阀类及底版块叠合在一起的叠加阀；借助六面体的集成块，通过其内部通道将标准的板式阀连接在一起，构成各种基本回路的集成阀；将几个阀的阀芯合并在一个阀体内的嵌入阀；以

及由插装元件插入插装块体所组成的插装阀等。

（3）按阀的控制方式分类

① 开关（或定值）控制阀。借助于通断型电磁铁及手动、机动、液动等方式，将阀芯位置或阀芯上的弹簧设定在某一工作状态，使液流的压力、流量或流向保持不变的阀。这类阀属于常见的普通液压阀。

② 比例控制阀。采用比例电磁铁（或力矩马达）将输入电信号转换成力或阀的机械位移，使阀的输出量（压力、流量）按照其输入量连续、成比例地进行控制的阀。比例控制阀一般多采用开环液压控制系统。

③ 伺服控制阀。其输入信号（电量、机械量）多为偏差信号（输入信号与反馈信号的差值），阀的输出量（压力、流量）也可按照其输入量连续、成比例地进行控制的阀。这类阀的工作性能类似于比例控制阀，但具有较高动态响应和静态性能，多用于要求精度高、响应快的闭环液压控制系统。

④ 数字控制阀。用数字信息直接控制的阀类。

（4）按结构形式分类

液压控制阀按结构形式分类有：滑阀（或转阀）、锥阀、球阀等。

7.1.2　液压阀的性能参数及对阀的基本要求

阀的规格用阀进、出油口的公称直径 DN 表示，单位为 mm。DN 相同的阀，其阀口的实际尺寸不一定完全相同。性能参数主要有额定压力、额定流量、额定压力损失、最小稳定流量等数值参数。近期生产的产品除对不同的阀规定一些不同的性能参数，如最大工作压力、开启压力、压力调整范围、允许背压、最大流量外，同时给出若干条特性曲线。如压力-流量曲线、压力损失-流量曲线等。这就能更确切地表明阀的性能。

液压传动系统对液压阀的基本要求为以下几点。

① 结构简单、紧凑、动作灵敏，使用可靠，调整方便。

② 密封性能好，通油时压力损失小。

③ 通用性好，便于安装与维护。

7.2　方向控制阀

方向控制阀的作用是控制油液的通、断和流动方向。它分单向阀和换向阀两类。

7.2.1　单向阀

（1）普通单向阀

普通单向阀的作用是只允许油液流过该阀时单方向通过，反向则截止。

普通单向阀工作原理是：当压力油从进油口 P_1 流入时，液压推力克服弹簧力的作用，顶开钢球或锥面阀芯，油液从出油口 P_2 流出构成通路。当油液从油口 P_2 进入时，在弹簧和液体压力的作用下，钢球或锥面阀芯压紧在阀座孔上，油口 P_1 和 P_2 被阀芯隔开，油液不能通过。普通单向阀的阀芯有钢球阀芯和锥面阀芯，钢球阀芯仅适用于压力低或流量小的场合。由于锥面阀芯密封性好，使用寿命长，在高压和大流量时工作可靠，因此得到广泛应用。

普通单向阀按油口相对位置可分直通式和直角式，图 7-1 为普通单向阀简单结构。

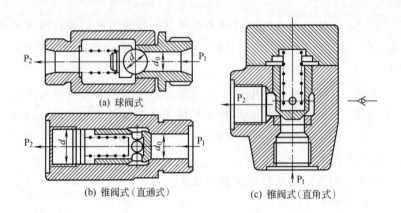

(a) 球阀式

(b) 锥阀式(直通式)　　　(c) 锥阀式(直角式)

图 7-1　普通单向阀简单结构

主要性能要求是：油液通过时压力损失要小，反向截止时密封性要好。单向阀的弹簧很弱小，仅用于将阀芯顶压在阀座上，故阀的开启压力仅有 0.035~0.1MPa。若将弹簧换为硬弹簧，使其开启压力达到 0.2~0.6MPa，则可将其作为背压阀用。

(2) 液控单向阀

如图 7-2(a) 所示为液控单向阀。它与普通单向阀相比，在结构上增加了控制油腔 a、控制活塞 1 及控制油口 K。当控制油口通以一定压力的压力油时，推动活塞 1 使锥阀芯 2 右移，阀即保持开启状态，使单向阀也可以反方向通过油流。为了减小控制活塞移动的阻力，控制活塞制成台阶状并设一外泄油口 L（接油箱）。控制油的压力不应低于油路压力的 30%~50%。

当 P_2 处油腔压力较高时，顶开锥阀所需要的控制压力可能很高。为了减少控制油口 K 的开启压力，在锥阀内部可增加一个卸荷阀芯 3 ［图 7-2(c)］。在控制活塞 1 顶起锥阀芯 2 之前，先顶起卸荷阀芯 3，使上下腔油液经卸荷阀芯上的缺口沟通，锥阀上腔 P_2 的压力油泄到下腔，压力降低。此时控制活塞便可以较小的力将锥阀芯顶起，使 P_1 和 P_2 两腔完全连通。这样，液控单向阀用较低的控制油压即可控制有较高油压的主油路。

液控单向阀广泛用于保压、锁紧和平衡回路，另外，将两个液控单向阀分别接在执行元件两腔的进油路上，连接方式如图 7-3(a) 所示，可将执行元件锁紧在任意位置上。这样连接的液控单向阀称作双向液压锁，其结构原理如图 7-3(b) 所示。不难看出，当一个油腔正向进油时（如 A→A'），由于控制活塞 2 的作用，另一个油腔就反向出油（B'→B），反之亦然。当 A、B 两腔都没有压力油时，两个带卸荷阀的单向阀靠锥面的严密封闭将执行元件双向锁住。

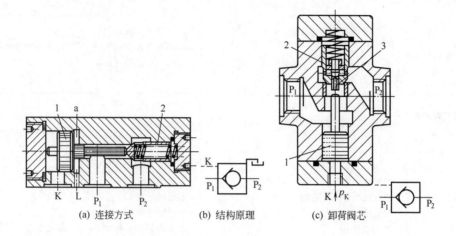

图 7-2 液控单向阀
1—控制活塞；2—锥阀芯；3—卸荷阀芯

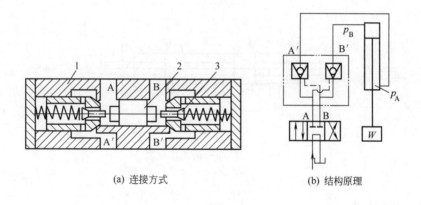

图 7-3 液压锁的应用
1—阀体；2—控制活塞；3—顶杆

（3）单向阀常见故障及排除方法

单向阀的故障产生原因及排除方法见表 7-1。

7.2.2 滑阀式换向阀

（1）滑阀式换向阀的工作原理

换向阀的作用是变换阀芯在阀体内的相对工作位置，使阀体各油口连通或断开，从而控制执行元件的换向或启停。换向阀的工作原理如图 7-4 所示。在图示位置，液压缸两腔不通压力油，处于停机状态。若使换向阀的阀芯 1 左移，阀体 2 上的油口 P 和 A 连通，B 和 T 连通。压力油经 P、A 进入液压缸左腔，活塞右移，右腔油液经 B、T 回油箱。反之，若使阀芯右移，则 P 和 B 连通，A 和 T 连通，活塞便左移。

表 7-1　单向阀的故障产生原因及排除方法

故障现象	产 生 原 因	排 除 方 法
发生异常的声音	1. 油的流量超过允许值 2. 与其他阀共振 3. 在卸压单向阀中,用于立式大油缸等的回油,没有卸压装置	1. 更换流量大的阀 2. 可略为改变阀的额定压力,也可试调弹簧的强弱 3. 补充卸压装置回路
阀与阀座有严重泄漏	1. 阀座锥面密封不好 2. 滑阀或阀座拉毛 3. 阀座碎裂	1. 重新研配 2. 重新研配 3. 更换并研配阀座
不起单向作用	1. 滑阀在阀体内咬住: ①阀体孔变形 ②滑阀配合时有毛刺 ③滑阀变形胀大 2. 漏装弹簧	1. 相应采取如下措施: ①修研阀座孔 ②修除毛刺 ③修研滑阀外径 2. 补装适当的弹簧(弹簧的最大压力不大于30N)
结合处渗漏	螺钉或管螺纹没拧紧	拧紧螺钉或管螺纹

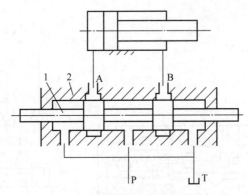

图 7-4　换向阀的工作原理

1—阀芯;2—阀体

（2）换向阀的分类

换向阀按下述分类。

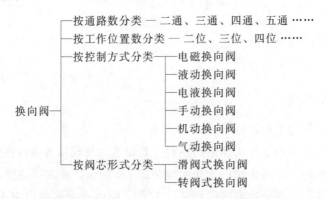

（3）换向阀的图形符号说明

换向阀图形符号做以下说明。

① 用方框表示阀的工作位置，有几个方框就表示几个工作位置。

② 每个换向阀都有一个常态位，即阀芯未受外力时的位置。字母应标在常态位，P 表示进油口，T 表示回油口，A、B 表示工作油口。

③ 常态位与外部连接的油路通道数表示换向阀通道数。

④ 方框内的箭头表示该位置时油路接通情况，并不表示油液实际流向。

⑤ 换向阀的控制方式和复位方式的符号应画在换向阀的两侧。

（4）常用换向阀的结构原理、功用及图形符号

常用滑阀式换向阀有二位二通、二位三通、二位四通、三位四通、二位五通及三位五通等类型。它们的结构原理、图形符号及使用场合见表 7-2。

表 7-2　常用换向阀的结构原理、图形符号及使用场合

名称	结构原理图	职能符号	使 用 场 合		
二位二通阀			控制油路的接通与切断（相当于一个开关）		
二位三通阀			控制液流方向（从一个方向变换成另一个方向）		
二位四通阀			不能使执行元件在任一位置停止运动	控制执行元件换向	执行元件正反向运动时回油方式相同
三位四通阀			能使执行元件在任一位置停止运动		
二位五通阀			不能使执行元件在任一位置停止运动		执行元件正反向运动时可以得到不同的回油方式
三位五通阀			能使执行元件在任一位置停止运动		

二位二通阀相当于一个油路开关，可用于控制一个油路的通和断。二位三通阀可用于控制一个压力油源 P 对两个不同的油口 A 和 B 的换接，或控制单作用液压缸的换向。二位或三位四通阀和二位或三位五通阀都广泛用于使执行元件换向。其中二位阀和三位阀的区别在于：三位阀具有中间位置，利用这一位置可以实现多种不同的控制作用，如可使液压缸在任意位置上停止或使液压泵卸荷，而二位阀则无中间位置，它所控制的液压缸只能在运动到两端的终点位置时停止。四通阀和五通阀的区别在于：五通阀具有 P、A、B、T_1 和 T_2 五个油口，而四通阀则因为 T_1 和 T_2 两回油口在阀内相通，故对外只有四个油口 P、A、B、T。四通阀和五通阀用于使执行元件换向时，其作用基本相同，但五通阀有两回油口，可在执行

元件的正反向运动中构成两种不同的回油路,如在组合机床液压系统中,广泛采用三位五通换向阀组成快进差动连接回路。

(5) 几种常用换向阀

① 机动换向阀。机动换向阀用来控制机械运动部件的行程,故又称行程阀。这种阀必须安装在液压缸附近,在液压缸驱动工作的行程中,装在工作部件一侧的挡块或凸轮移动到预定位置时就压下阀芯,使阀换位。如图 7-5 所示为二位四通机动换向阀的结构原理和图形符号。

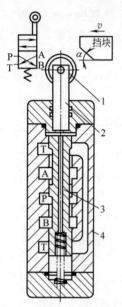

图 7-5 二位四通机动换向阀
1—滚轮;2—顶杆;
3—阀芯;4—阀体

机动换向阀通常是弹簧复位式的二位阀。它的结构简单,动作可靠,换向位置精度高,改变挡块的迎角 α 或凸轮外形,可使阀芯获得合适的换位速度,以减小换向冲击。但这种阀不能安装在液压站上,因为连接管路较长,使整个液压装置不够紧凑。

② 手动换向阀。手动换向阀用手动杠杆来操纵阀芯在阀体内移动,以实现液流的换向。它同样有各种位、通和滑阀机能的多种类型,按定位方式的不同又可分为自动复位式和钢球定位式两种。

图 7-6(a) 为三位四通自动复位式手动换向阀。扳动手柄,即可换位,当松手后,滑阀在弹簧力作用下,自动回到中间位置,所以称为自动复位式。这种换向阀不能在两端位置上定位停留。

如果要使阀芯在三个位置上都能定位,可以将右端的弹簧 5 改为如图 7-6(b) 所示的结构。在阀芯右端的一个径向孔中装有一个弹簧和两个钢球,与定位套相配合可以在三个位置上实现停留与定位。图 7-6(c) 是这两种手动阀的图形符号。定位式手动换向阀还可以制成多位的形式,图 7-6(d) 是手动四位滑阀。手动换向阀经常用在起重运输机械、工程机械等行走机械上。

③ 电磁换向阀。电磁换向阀是利用电磁铁的吸力控制阀芯换位的换向阀。它操作方便,布局灵活,有利于提高设备的自动化程度,因而应用最广泛。

电磁换向阀包括换向滑阀和电磁铁两部分。电磁铁因其所用电源不同而分为交流电磁铁和直流电磁铁。交流电磁铁常用电压为 220V 和 380V,不需要特殊电源,电磁吸力大,换向时间短(0.01~0.03s),但换向冲击大、噪声大、发热大、换向频率不能太高(每分钟30 次左右),寿命较低。若阀芯被卡住或电压低,电磁吸力小衔铁未动作,其线圈很容易烧坏。因而常用于换向平稳性要求不高,换向频率不高的液压系统。直流电磁铁的工作电压一般为 24V,其换向平稳,工作可靠,噪声小,发热少,寿命高,允许使用的换向频率可达120 次/min。其缺点是启动力小,换向时间较长(0.05~0.08s),且需要专门的直流电源,成本较高。因而常用于换向性能要求较高的液压系统。近年来出现一种自整流型电磁铁。这种电磁铁上附有整流装置和冲击吸收装置,使衔铁的移动由自整流直流电控制,使用很方便。

电磁铁按衔铁工作腔是否有油液,又可分为"干式"和"湿式"。干式电磁铁不允许油液流入电磁铁内部,因此必须在滑阀和电磁铁之间设置密封装置,而在推杆移动时产生较大

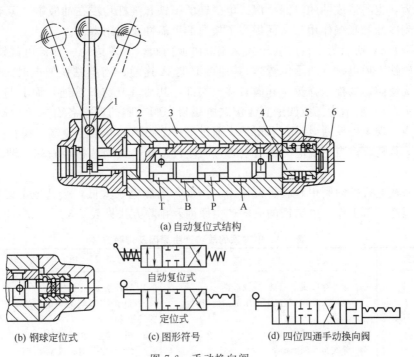

(a) 自动复位式结构

(b) 钢球定位式   (c) 图形符号   (d) 四位四通手动换向阀

自动复位式

定位式

图 7-6　手动换向阀

1—杠杆手柄；2—滑阀；3—阀体；4—套筒；5—弹簧；6—法兰盖

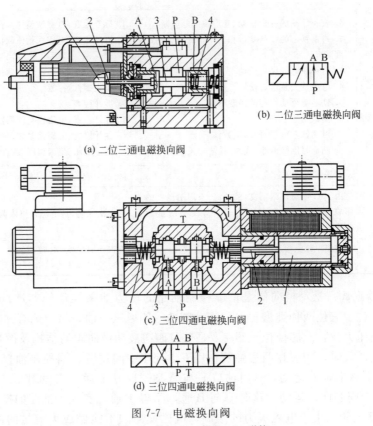

(a) 二位三通电磁换向阀   (b) 二位三通电磁换向阀

(c) 三位四通电磁换向阀

(d) 三位四通电磁换向阀

图 7-7　电磁换向阀

1—衔铁；2—推杆；3—阀芯；4—弹簧

的摩擦阻力，也易造成油的泄漏。湿式电磁铁的衔铁和推杆均浸在油液中，运动阻力小，且油还能起到冷却和吸振作用，从而提高了换向的可靠性及使用寿命。

如图 7-7(a) 所示为二位三通干式交流电磁换向阀。其左边为一交流电磁铁，右边为滑阀。当电磁铁不通电时（图示位置），其油口 P 与 A 连通；当电磁铁通电时，衔铁 1 右移，通过推杆 2 使阀芯 3 推压弹簧 4 并向右移至端部，其油口 P 与 B 连通，而 P 与 A 断开。

如图 7-7(c) 所示为三位四通直流湿式电磁换向阀。阀的两端各有一个电磁铁和一个对中弹簧。当右端电磁铁通电时，右衔铁 1 通过推杆 2 将阀芯 3 推至左端，阀右位工作，其油口 P 通 A，B 通 T；当左端电磁铁通电时，阀左位工作，其阀芯移至右端，油口 P 通 B，A 通 T。

电磁铁在电磁换向阀中起着重要作用。例如，电源电压太低，会造成电磁铁推力不足，不能推动阀芯正常工作。电磁铁的故障产生原因及排除方法见表 7-3。

表 7-3   电磁铁的故障产生原因及排除方法

故障现象	产 生 原 因	排 除 方 法
动作不好	1. 缓冲橡胶脱落松动、接触不良 2. 电压太低，不在规定电压范围使用 3. 导线连接错误、松动 4. 导线与线圈间断线 5. 线圈烧损原因是电磁铁松动动作不良，电路错误，阀芯卡死、壳体歪斜，使用频率过高	1. 拆开检查，正确安装 2. 测定电压，吸力与电压的平方成比例，应经常保持正常 3. 测定电压，正确接线 4. 测定电压，电磁铁整体调换 5. 判别线圈烧焦的气味，电磁铁整体调换
嗡声噪声、振动噪声	1. 校正线圈的变形松动、变形或部分剪断 2. 可动铁芯的永久变形相当于推杆部分的凹形变形 3. 可动铁芯的铆钉松动 4. 电磁铁安装螺钉松动 5. 铁芯与可动铁芯的接触不良 6. 剩磁材质不好 7. 可动铁芯龟裂，使用次数频繁 8. 制造时绝缘清漆、线圈、铁芯加工不良	1. 拆开检查，电磁铁整体调换 2. 拆开检查，电磁铁整体调换 3. 拆开检查，电磁铁整体调换 4. 检查螺钉，拧紧 5. 拆开检查，洗涤 6. 拆开检查，电磁铁整体调换 7. 拆开检查，电磁铁整体调换 8. 测定电压、绝缘程度，改进品质管理
换向声音大	背压或先导压过高	换向时声音异常大，降低背压或先导压
温度上升	由于 O 形防挤圈不良，油的流入；周围温度的影响；寿命低；水和湿度的影响等使绝缘能力降低	测定绝缘能力，电磁铁整体调换
滞后（动作慢）	直流电磁铁不会烧损，但比交流需要 4～5 倍的动作时间	检查周围温度、电磁铁温度，在 50℃ 以上的周围温度时使用特殊的规格

④ 液动换向阀。液动换向阀是依靠控制油路的压力油来推动阀芯进行换位的换向阀。液动阀也有二位、三位两种类型。二位液动阀的一侧通压力油，另一侧有弹簧；三位液动阀两侧都可通入压力油，阀芯换位。图 7-8 是三位四通液动换向阀的结构及图形符号。在两端均没有压力油通入时，阀芯在两边弹簧作用下，处于中间位置。当控制油口 K_1 通入压力油而 K_2 回油时，阀芯向右运动，这时油口 P 与 A 通，B 与 T 通。当控制油口 K_2 通入压力油而 K_1 回油时，阀芯向左运动，这时 P 与 B 通，A 与 T 通，实现了油路的换向。

⑤ 电液换向阀。由于电磁吸力的限制，电磁换向阀不能做成大流量的阀门。在需要大流量时，可使用电液换向阀。如图 7-9 所示为电液换向阀的结构，它由电磁先导阀和液动主

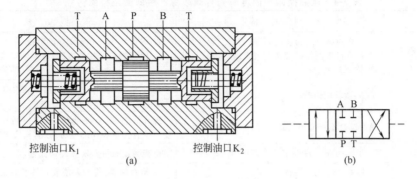

控制油口K₁ 控制油口K₂

(a) (b)

图 7-8　液动换向阀的结构和图形符号

阀组成，用小规格的电磁先导阀控制大规格的液动主阀工作。其工作过程如下：当电磁铁4、6均不通电时，P、A、B、T各口互不相通。当电磁铁4通电时，控制油通过电磁阀左位经单向阀2作用于液动阀阀芯的左端，阀芯1右移，右端回油经节流阀7、电磁阀右端流回油箱，这时主阀左位工作，即主油路P、A口连通，B、T连通。同理，当电磁铁6通电，电磁铁4断电时，电磁先导阀右位工作，则主阀右位工作。这时主油路P、B口连通，A、T口连通（主阀中心通孔）。阀中的两个节流阀3、7用来调节液动阀阀芯的移动速度，并使其换向平稳。

电液换向阀的电磁先导阀故障产生原因及排除方法见表7-4。

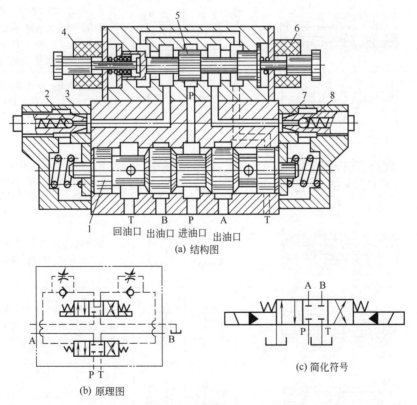

回油口　出油口 进油口　出油口

(a) 结构图

(b) 原理图

(c) 简化符号

图 7-9　电液换向阀的结构原理及图形符号

1—液动阀阀芯；2,8—单向阀；3,7—节流阀；4,6—电磁铁；5—电磁阀阀芯

表 7-4　电液换向阀的电磁先导阀故障产生原因及排除方法

故障现象	产　生　原　因	排　除　方　法
先导阀不能动作阀体与阀芯咬合	1. 四通阀做三通阀使用,接油箱管路背压低 2. 阀体安装歪斜或管路安装歪斜;金属小片、毛刺、铁屑进入	1. 保持 0.35~0.5MPa 的背压 2. 检查阀芯的片面接触,将阀体安装正确
阀芯卡住	毛刺、微粒的影响	检查阀芯与阀体的伤痕,用砂纸和油石修光伤痕,严重者应调换
弹簧断裂	弹簧设计不良或热处理不好;动作次数频繁	拆开清洗,防止油的污染(调换油);加强弹簧刚度。检查弹簧和阀的复位情况,调换弹簧
换向情况不好	液动力(流量超过额定流量使用时)	检查额定流量和实际使用流量,加大阀的通径
内部泄漏	1. 黏度低(由于高温) 2. 阀芯、阀体有伤痕 3. 磨损 4. 动作不良	1. 检查油温,将油调换成高黏度油或降低油温 2. 拆开检查,修正或调换 3. 拆开检查,测定阀芯的尺寸(各部分) 4. 拆开后检查有否片面接触,异物卡住及阀体内的局部磨损

表 7-5　各种三位换向阀的中位机能和符号

机能代号	结构原理图	中位图形符号 三位四通	中位图形符号 三位五通	机能特点和作用
O		A B / P T	A B / T₁ P T₂	各油口全部封闭,缸两腔封闭,系统不卸荷。液压缸充满油,从静止到启动平稳;制动时运动惯性引起液压冲击较大;换向位置精度高
H		A B / P T	A B / T₁ P T₂	各油口全部连通,系统卸荷,缸成浮动状态。液压缸两腔接油箱,从静止到启动有冲击;制动时油口互通,故制动较 O 型平稳;但换向位置变动大
P		A B / P T	A B / T₁ P T₂	压力油口 P 与缸两腔连通,可形成差动回路,回油口封闭。从静止到启动较平稳;制动时缸两腔均通压力油,故制动平稳;换向位置变动比 H 型的小,应用广泛
Y		A B / P T	A B / T₁ P T₂	油泵不卸荷,缸两腔通回油,缸成浮动状态。由于缸两腔接油箱,从静止到启动有冲击,制动性能介于 O 型与 H 型之间
K		A B / P T	A B / T₁ P T₂	油泵卸荷,液压缸一腔封闭一腔接回油箱。两个方向换向时性能不同
M		A B / P T	A B / T₁ P T₂	油泵卸荷,缸两腔封闭,从静止到启动较平稳;制动性能与 O 型相同;可用于油泵卸荷液压缸锁紧的液压回路中
X		A B / P T	A B / T₁ P T₂	各油口半开启接通,P 口保持一定的压力;换向性能介于 O 型和 H 型之间

(6) 换向阀的中位机能

三位换向阀的中位机能是指三位换向阀常态位置时，阀中内部各油口的连通方式，也可称为滑阀机能，表 7-5 表示各种三位换向阀的中位机能和符号。

换向阀中位机能对液压系统有较大的影响，在分析和选择中位机能时一般做如下考虑。

① 系统保压问题：当油口 P 堵住时，系统保压，此时泵还可使系统中其他执行元件动作。

② 系统卸荷问题：当 P 和 T 相通时，整个系统卸荷。

③ 换向平稳和换向精度问题：当油口 A 和 B 均堵塞时，易产生液压冲击，换向平稳性差，但换向精度高。反之，当油口 A 和 B 都和 T 接通时，工作机构不易制动，换向精度低，但换向平稳性好，液压冲击小。

④ 启动平稳性问题：当油口 A 或 B 有一油口接通油箱，启动时该腔因无油液进入执行元件，所以会影响启动平稳性。

(7) 换向阀的常见故障及排除

换向阀的常见故障及排除方法见表 7-6。

表 7-6　换向阀的常见故障及排除方法

故障现象	产 生 原 因	排 除 方 法
滑阀不能动作	1. 滑阀被堵塞 2. 阀体变形 3. 具有中间位置的对中弹簧折断 4. 操纵压力不够	1. 拆开清洗 2. 重新安装阀体的螺钉使压紧力均匀 3. 更换弹簧 4. 操纵压力必须大于 0.35MPa
工作程序错乱	1. 因滑阀被拉毛，油中有杂质或热膨胀使滑阀移动不灵活或卡住 2. 电磁阀的电磁铁损坏，力量不足或漏磁等 3. 液动换向阀滑阀两端的控制阀（节流阀、单向阀）失灵或调整不当 4. 弹簧过软或太硬使阀通油不畅 5. 滑阀与阀孔配合太紧或间隙过大 6. 因压力油的作用使滑阀局部变形	1. 拆卸清洗、配研滑阀 2. 更换或修复电磁铁 3. 调整节流阀、检查单向阀是否封油良好 4. 更换弹簧 5. 检查配合间隙使滑阀移动灵活 6. 在滑阀外圆上开 1mm×0.5mm 的环形平衡槽
电磁线圈发热过高或烧坏	1. 线圈绝缘不良 2. 电磁铁铁芯与滑阀轴线不同心 3. 电压不对 4. 电极焊接不对	1. 更换电磁铁 2. 重新装配使其同心 3. 按规定纠正 4. 重新焊接
电磁铁控制的方向阀作用时有响声	1. 滑阀卡住或摩擦过大 2. 电磁铁不能吸到底 3. 电磁铁铁芯接触面不平或接触不良	1. 修研或调配滑阀 2. 校正电磁铁高度 3. 清除污物，修正电磁铁铁芯

7.3　压力控制阀

常见压力控制阀分为溢流阀、减压阀、顺序阀、压力继电器等几类。

7.3.1　溢流阀

溢流阀的作用是限制所在油路的液体工作压力。当液体压力超过溢流阀的调定值时，溢流阀阀口会自动开启，使油液溢回油箱。

7.3.1.1　工作原理

（1）直动式溢流阀

如图 7-10 所示为锥阀式（还有球阀式和滑阀式）直动式溢流阀。当进油口 P 从系统接入的油液压力不高时，锥阀芯 2 被弹簧 3 紧压在阀体 1 的孔口上，阀口关闭。当进口油压升高到能克服弹簧阻力时，便推开锥阀芯使阀口打开，油液就由进油口 P 流入，再从出油口 T 流回油箱（溢流），进油压力也就不会继续升高。当通过溢流阀的流量变化时，阀口开度即弹簧压缩量也随之改变。但在弹簧压缩量变化甚小的情况下，可以认为阀芯在液压力和弹簧力作用下保持平衡，溢流阀进口处的压力基本保持为定值。拧动调压螺钉 4 改变弹簧预压缩量，便可调整溢流阀的溢流压力。这种溢流阀因压力油直接作用于阀芯，故称直动型溢流阀。

直动型溢流阀用于低压小流量。系统压力高时采用先导式溢流阀。

（2）先导式溢流阀

先导式溢流阀由先导阀和主阀两部分组成。图 7-11（a）、（b）分别为高压、中压先导式溢流阀的结构简图。其先导阀是一个小规格锥阀芯直动式溢流阀，其主阀的阀芯 5 上开有阻尼小孔 e。在它们的阀体上还加工了孔道 a、b、c、d。油液从进油口 P 进入，经阻尼孔 e 及孔道 c 到达先导阀的进油腔（在一般情况下，远程控制口 K 是堵塞的）。当进油口压力低于先导阀弹簧调定压力时，先导阀关闭，阀内无油液流动，主阀芯上、下腔油压相等，因而它被主阀弹簧抵住在主阀下端，主阀关闭，阀不溢流。当进油口 P 的压力升高时，先导阀进油腔油压也升高，直至达到先导阀弹簧的调定压力时，先导阀被打开，主阀芯上腔油经先导阀口及阀体上的孔道 a，由回油口 T 流回油箱。主阀芯下腔油液则经阻尼小孔 e 流动，由于小孔阻尼大，使主阀芯两端产生压力差，主阀芯便在此压差作用下克服其弹簧力上抬，主阀进、回油口连通，达到溢流和稳压的目的。调节先导阀的手轮，便可调整溢流阀的工作压力。更换先导阀的弹簧（刚度不同的弹簧），便可得到不同的调压范围。

这种结构的阀，其主阀芯是利用压差作用开启的，主阀芯弹簧很弱小，因而即使压力较高，流量较大，其结构尺寸仍较紧凑、小巧，且压力和流量的波动也比直动式小。但其灵敏度不如直动式溢流阀。

7.3.1.2　溢流阀的应用

（1）调压溢流

系统采用定量泵供油时，常在其进油路或回油路上设置节流阀或调速阀，使泵油的一部分进入液压缸工作，而多余的油需经溢流阀流回油箱，溢流阀处于其调定压力下的常开状态。调节弹簧的压紧力，也就调节了系统的工作压力。如图 7-12(a) 所示。

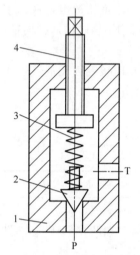

图 7-10　直动式溢流阀
1—阀体；2—锥阀芯；3—弹簧；
4—调压螺钉

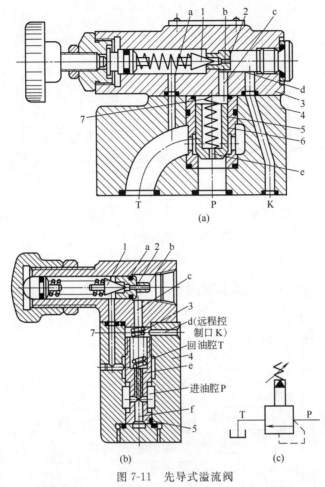

图 7-11　先导式溢流阀

1—先导阀芯；2—先导阀座；3—先导阀体；4—主阀体；5—主阀芯；6—主阀套；7—主阀弹簧

（2）安全保护

系统采用变量泵供油时，系统内没有多余的油需溢流，其工作压力由负载决定。这时与泵并联的溢流阀只有在过载时才需打开，以保障系统的安全。因此它是常闭的，如图 7-12（b）所示。

（3）使泵卸荷

采用先导式溢流阀调压的定量泵系统，当阀的远程控制口 K 与油箱连通时，其主阀芯在进口压力很低时即可迅速抬起，使泵卸荷，以减少能量损耗。如图 7-12(c) 所示。

（4）远程调压

当先导式溢流阀的外控口（远程控制口）与调压较低的溢流阀（或远程调压阀）连通时，其主阀芯上腔的油压只要达到低压阀的调整压力，主阀芯即可抬起溢流（其先导阀不再起调压作用），即实现远程调压。图 7-12(d) 中，当电磁阀不通电右位工作时，将先导溢流阀的外控口与低压调压阀连通，实现远程调压。

（5）形成背压

将溢流阀安设在液压缸的回油路上，可使缸的回油腔形成背压，提高运动部件运动的平稳性，因此这种用途的阀也称背压阀。

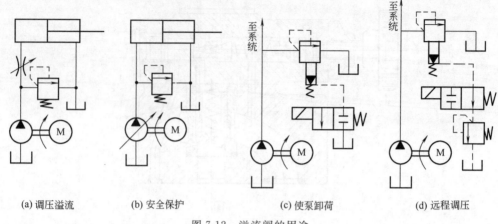

| (a) 调压溢流 | (b) 安全保护 | (c) 使泵卸荷 | (d) 远程调压 |

图 7-12　溢流阀的用途

（6）多级调压

如图 7-13(a) 所示多级调压及卸荷回路中，先导式溢流阀 1 与溢流阀 2、3、4 的调定压

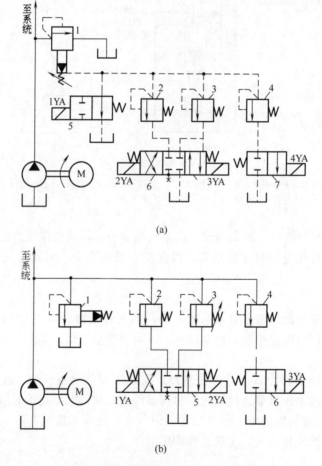

(a)

(b)

图 7-13　多级调压及卸荷回路

1—先导式溢流阀；2,3,4—溢流阀；5—电磁阀；

6—二位换向阀；7—换向阀

力不同，且阀 1 调压最高。阀 2、3、4 进油口均与阀 1 的外控口相连，且分别由电磁换向阀 6、7 控制出口。电磁阀 5 进油口与阀 1 外控口相连，出口与油箱相连。当系统工作时若仅电磁铁 1YA 通电，则系统获得由阀 1 调定的最高工作压力；若仅 1YA、2YA 通电，则系统可得到由阀 2 调定的工作压力；若仅 1YA 和 3YA 通电，则得到阀 3 调定的压力；若仅 1YA 和 4YA 通电，则得到由阀 4 调定的工作压力。当 1YA 不通电时，阀 1 的外控口与油箱连通，使液压泵卸荷。这种多级调压及卸荷回路，除阀 1 以外的控制阀，由于通过的流量很小（仅为控制油路流量），因此可用小规格的阀，结构尺寸较小。

如图 7-13（b）所示多级调压回路中，除阀 1 调压最高外，其他溢流阀均分别由相应的电磁换向阀控制其通断状态，只要控制电磁换向阀电磁铁的通电顺序，就可使系统得到相应的工作压力。这种调压回路的特点是，各阀均应与泵有相同的额定流量，其尺寸较大，因而只适用于流量小的系统。

7.3.1.3 溢流阀的常见故障及排除

溢流阀的故障产生原因及排除方法见表 7-7。

表 7-7 溢流阀的故障产生原因及排除方法

故障现象	产 生 原 因	排 除 方 法
压力波动不稳定	1. 弹簧弯曲或太软 2. 锥阀与阀座的接触不良或磨损 3. 钢球不圆或钢球与阀座密合不良 4. 滑阀变形或拉毛 5. 油不清洁，阻尼孔堵塞	1. 更换弹簧 2. 锥阀磨损或有毛病就更换。如锥阀是新的则卸下调整螺母，将导杆推几下，使其接触良好 3. 更换钢球，研磨阀座 4. 更换或修研滑阀 5. 更换清洁油液，疏通阻尼孔
调整无效	1. 弹簧断裂或漏装 2. 阻尼孔堵塞 3. 滑阀卡住 4. 进出油口装反 5. 锥阀漏装	1. 检查、更换或补装弹簧 2. 疏通阻尼孔 3. 拆出、检查、修整 4. 检查油源方向并纠正 5. 检查、补装
显著泄漏	1. 锥阀或钢球与阀座的接触不良 2. 滑阀与阀体配合间隙过大 3. 管接头没拧紧 4. 接合面纸垫冲破或铜垫失效	1. 锥阀或钢球磨损或者有毛病时则更换新的锥阀或钢球 2. 更换滑阀，重配间隙 3. 拧紧连接螺钉 4. 更换纸垫或铜垫
显著噪声及振动	1. 螺母松动 2. 弹簧变形不复原 3. 滑阀配合过紧 4. 主滑阀动作不良 5. 锥阀磨损 6. 出口油路中有空气 7. 流量超过允许值 8. 和其他阀产生共振	1. 紧固螺母 2. 检查并更换弹簧 3. 修研滑阀，使其灵活 4. 检查滑阀与壳体是否同心 5. 更换锥阀 6. 放出空气 7. 调换流量大的阀 8. 略改变阀的额定压力值（如额定压力值的差在 0.5MPa 以内，容易发生共振）

7.3.2 减压阀

减压阀是使出口压力（二次回路压力）低于进口压力（一次回路压力）的一种压力控制

阀。其作用是用来减低并稳定液压系统中某一支路的油液压力，使同一油源能同时提供两个或几个不同压力的输出。

根据出口压力的性质不同，减压阀分为三类。

① 定差减压阀。此类阀的出口压力和进口压力保持一定的差值。

② 定比减压阀。此类阀的特点是出口压力和进口压力保持一定比例。

③ 定值输出减压阀。此类减压阀的特点是出口压力基本保持恒定。

定差和定比减压阀用量很少，而定值输出减压阀用量很大。本节所提到的减压阀指的定值输出减压阀。

7.3.2.1　直动式减压阀工作原理

直动式减压阀的工作原理和图形符号如图 7-14 所示。

压力为 p_1 的高压液体进入阀中后，经由阀芯与阀体间的节流口 A 减压，使压力降为 p_2 后输出。减压阀出口压力油通过孔道与阀芯下端相连，使阀芯上作用一向上的液压力，并靠调压弹簧与之平衡。当出口压力未达到阀的设定压力时，弹簧力大于阀芯端部的液压力，阀芯下移，使减压口增大，从而减小液阻，使出口压力增大，直到其设定值为止；相反，当出口压力因某种外部干扰而大于设定值时，阀芯端部的液压力大于弹簧力而使阀芯上升，使减压口减小，液阻增大，从而使出口压力减小，直到其设定值为止。由此可看出，减压阀就是靠阀芯端部的液压力和弹簧力的平衡来维持出口压力恒定的。调整弹簧的预压缩力，即可调整出口压力。

图 7-14 中 L 为泄油口，一般单独接回油箱，称为外部泄漏。

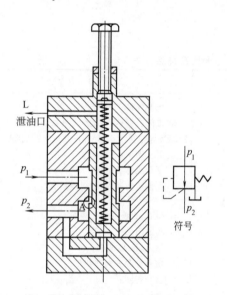

图 7-14　直动式减压阀的工作原理和图形符号

直动式减压阀的弹簧刚度较大，因而阀的出口压力随阀芯的位移略有变化。为了减小出口压力的波动，常采用先导式减压阀。

7.3.2.2　先导式减压阀工作原理

先导式减压阀的工作原理和图形符号如图 7-15 所示。

压力为 p_1 的压力油由阀的进油口 A 流入，经减压口 f 减压后，压力降低为 p_2，再由出油口 B 流出。同时，出口压力油经主阀芯内的径向孔和轴向孔引入到主阀芯的左腔和右腔，并以出口压力作用在先导阀锥上。当出口压力未达到先导阀的调定值时，先导阀关闭，主阀芯左、右两腔压力相等，主阀芯被弹簧压在最左端，减压口开度 x 为最大值，压降最小，阀处于非工作状态。当出口压力升高并超过先导阀的调定值时，先导阀被打开，主阀弹簧腔的泄油便由泄油口 Y 流往油箱。由于主阀芯的轴向孔 e 是细小的阻尼孔，油在孔内流动，使主阀芯两端产生压力差，主阀芯便在此压力差作用下克服弹簧阻力右移，减压口开度 x 值减小，压降增加，引起出口压力降低，直到等于先导阀调定的数值为止。反之，如出口压力减小，主阀芯左移，减压口开大，压降减小，使出口压力回升到调定值上。可见，减压阀出口压力若由于外界干扰而变动时，它将会自动调整减压口开度来保持调定的出口压力数值基本不变。

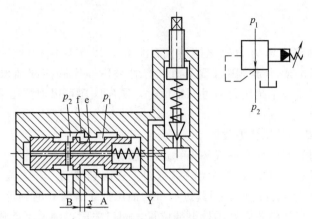

图 7-15 先导式减压阀的工作原理和图形符号

在减压阀出口油路的油液不再流动的情况下（如所连的夹紧支路油缸运动到底后），由于先导阀泄油仍未停止，减压口仍有油液流动，阀就仍然处于工作状态，出口压力也就保持调定数值不变。

可以看出，与溢流阀相比较，减压阀的主要特点是：阀口常开；从出口引压力油去控制阀口开度，使出口压力恒定；泄油单独接入油箱。

7.3.2.3　减压阀的应用

① 减压阀是一种可将较高的进口压力（一次压力）降低为所需的出口压力（二次压力）的压力调节阀。根据各种不同的要求，减压阀可将油路分成不同的减压回路，以得到各种不同的工作压力。

减压阀的开口缝隙随进口压力变化而自行调节，因此能自动保证出口压力基本恒定，可做稳定油路压力之用。

将减压阀与节流阀串联在一起，可使节流阀前后压力差不随负载变化而变化。

② 单向减压阀由单向阀和减压阀并联组成，其作用与减压阀相同。液流正向通过时，单向阀关闭，减压阀工作。当液流反向时，液流经单向阀通过，减压阀不工作。

7.3.2.4　减压阀的常见故障及排除方法

减压阀的常见故障及排除方法见表 7-8。

表 7-8　减压阀的常见故障及排除方法

故障现象	产　生　原　因	排　除　方　法
压力不稳定，有波动	1. 油液中混入空气 2. 阻尼孔有时堵塞 3. 滑阀与滑体内孔圆度达不到规定使阀卡住 4. 弹簧变形或在滑阀中卡住,使滑阀移动困难,或弹簧太软 5. 钢球不圆,钢球与阀座配合不好或锥阀安装不正确	1. 排除油中空气 2. 疏通阻尼孔及换油 3. 修研阀孔,修配滑阀 4. 更换弹簧 5. 更换钢球或拆开锥阀调整
输出压力低,升不高	1. 顶盖处泄漏 2. 钢球或锥阀与阀座密合不良	1. 拧紧螺钉或更换纸垫 2. 更换钢球或锥阀
不起减压作用	1. 回油孔的油塞未拧出,使油闷住 2. 顶盖方向装错,使出油孔与回油孔沟通 3. 阻尼孔被堵住 4. 滑阀被卡死	1. 将油塞拧出,并接上回油管 2. 检查顶盖上的孔的位置是否装错 3. 用直径为 1mm 的针清理小孔并换油 4. 清理和研配滑阀

7.3.3 顺序阀

顺序阀是利用油路中压力的变化控制阀口启闭，以实现执行元件顺序动作的液压元件。为了防止液动机的运动部分因自重下滑，有时采用顺序阀使回油保持一定的阻力，这时顺序阀叫做平衡阀。当系统压力超过调定值时，顺序阀还可以使液压泵卸荷，这时叫做卸荷阀。

7.3.3.1 顺序阀的结构及工作原理

其结构与溢流阀类同也分直动式和先导式。先导式用于压力高的场合。

如图 7-16(a) 所示为直动式顺序阀的结构图。它由螺堵 1、下阀盖 2、控制活塞 3、阀体 4、阀芯 5、弹簧 6 等零件组成。当其进油口的油压低于弹簧 6 的调定压力时，控制活塞 3 下端油液向上的推力小，阀芯 5 处于最下端位置，阀口关闭，油液不能通过顺序阀流出。当进油口油压达到弹簧调定压力时，阀芯 5 抬起，阀口开启，压力油即可从顺序阀的出口流出，使阀后的油路工作。这种顺序阀利用其进油口压力控制，称内控式顺序阀，其图形符号如图 7-16(b) 所示。由于阀出油口接压力油路，因此其上端弹簧处的泄油口必须另接一油管通油箱，这种连接方式称外泄。

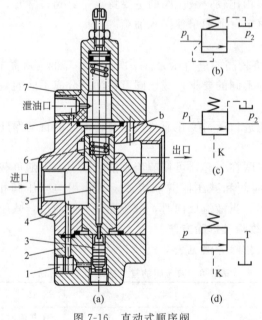

图 7-16　直动式顺序阀
1—螺堵；2—下阀盖；3—控制活塞；4—阀体；
5—阀芯；6—弹簧；7—上阀盖

若将下阀盖 2 相对于阀体转过 90°或 180°，将螺堵 1 拆下，在该处接控制油管并通入控制油，则阀的启闭便可由外供控制油控制。这时即成为外控式顺序阀，其图形符号如图7-16(c) 所示。若再将上阀盖 7 转过 180°，使泄油口处的小孔 a 与阀体上的小孔 b 连通，将泄油口用螺堵封住，并使顺序阀的出油口与油箱连通，则顺序阀就成为卸荷阀。其泄漏油可由阀的出油口流回油箱，这种连接方式称为内泄。卸荷阀的图形符号如图 7-16(d) 所示。

顺序阀常与单向阀组合成单向顺序阀、液控单向顺序阀等使用。直动式顺序阀设置控制活塞的目的是缩小阀芯受油压作用的面积，以便采用较软的弹簧来提高阀的特性。直动式顺序阀的最高工作压力一般在 8MPa 以下。先导式顺序阀主阀弹簧的刚度可以很小，故可省去阀芯下面的控制柱塞，不仅启闭特性好，且工作压力也可大大提高。

7.3.3.2 顺序阀的应用

（1）控制多个执行元件的顺序动作

如图 7-17（a）中要求 A 缸先动，B 缸后动，通过顺序阀的控制可以实现。顺序阀在 A 缸进行动作①时处于关闭状态，当 A 缸到位后，油液压力升高，达到顺序阀的调定压力后，打开通向 B 缸的油路，从而实现 B 缸的动作。

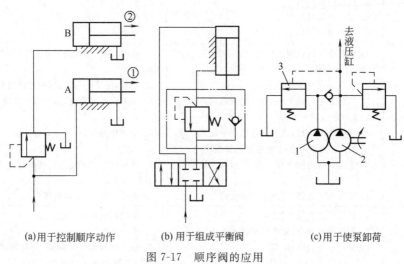

(a)用于控制顺序动作　　(b)用于组成平衡阀　　(c)用于使泵卸荷

图 7-17　顺序阀的应用

1—大流量泵；2—小流量泵；3—顺序阀

（2）与单向阀组成平衡阀

为了保持垂直放置的液压缸不因自重而自行下落，可将单向阀与顺序阀并联构成单向顺序阀接入油路，如图 7-17（b）所示。此单向顺序阀又称为平衡阀。这里，顺序阀开启压力要足以支撑运动部件的自重。当换向阀处于中位时，液压缸即可悬停。

（3）控制双泵系统中的大流量泵卸荷

如图 7-17（c）所示油路，泵 1 为大流量泵，泵 2 为小流量泵，两泵并联。在液压缸快速进退阶段，泵 1 输出的油经单向阀后与泵 2 输出的油汇合在一起流往液压缸，使缸获得快速；液压缸转为慢速工进时，缸的进油路压力升高，外控式顺序阀 3 被打开，泵 1 即卸荷，由泵 2 单独向系统供油以满足工进的流量要求。在此油路中，顺序阀 3 因能使泵卸荷，故又称卸荷阀。

7.3.3.3 顺序阀的常见故障及排除方法

顺序阀的常见故障及排除方法见表 7-9。

7.3.4 压力继电器

7.3.4.1 压力继电器的工作原理

压力继电器是利用液体压力来启闭电气触点的液电信号转换元件。当系统压力达到压力继电器的调定压力时，压力继电器发出电信号，控制电气元件（如电动机、电磁铁、电磁离合器、继电器等）的动作，实现泵的加载、卸荷，执行元件的顺序动作、系统的安全保护和联锁等。

表 7-9　顺序阀的常见故障及排除方法

故障现象	产　生　原　因	排　除　方　法
始终出油,因而不起顺序作用	1. 阀芯在打开位置上卡死(如几何精度差,间隙太小;弹簧弯曲,断裂;油液太脏) 2. 单向阀在打开位置上卡死(如几何精度差,间隙太小;弹簧弯曲,断裂;油液太脏) 3. 单向阀密封不良(如几何精度差) 4. 调压弹簧断裂 5. 调压弹簧漏装 6. 未装锥阀或钢球 7. 锥阀或钢球碎裂	1. 修理,使配合间隙达到要求,并使阀芯移动灵活;检查油质,过滤或更换油液;更换弹簧 2. 修理,使配合间隙达到要求,并使单向阀芯移动灵活;检查油质,过滤或更换油液;更换弹簧 3. 修理,使单向阀密封良好 4. 更换弹簧 5. 补装弹簧 6. 补装 7. 更换
不出油,因而不起顺序作用	1. 阀芯在关闭位置上卡死(如几何精度差,弹簧弯曲,油液脏) 2. 锥阀芯在关闭位置卡死 3. 控制油液流通不畅通(如阻尼孔堵死,或遥控管道被压扁堵死) 4. 遥控压力不足,或下阀盖结合处漏油严重 5. 通向调压阀油路上的阻尼孔被堵死 6. 泄漏口管道中背压太高,使滑阀不能移动 7. 调节弹簧太硬,或压力调得太高	1. 修理,使滑阀移动灵活,更换弹簧;过滤或更换油液 2. 修理,使滑阀移动灵活;过滤或更换油液 3. 清洗或更换管道,过滤或更换油液 4. 提高控制压力,拧紧螺钉并使之受力均匀 5. 清洗 6. 泄漏口管道不能接在排油管道上一起回路,应单独排回油箱 7. 更换弹簧,适当调整压力
调定压力值不符合要求	1. 调压弹簧调整不当 2. 调压弹簧变形,最高压力调不上去 3. 滑阀卡死,移动困难	1. 重新调整所需要的压力 2. 更换弹簧 3. 检查滑阀的配合间隙,修配使滑阀移动灵活,过滤或更换油液
振动与噪声	1. 回油阻力(背压)太高 2. 油温过高	1. 降低回油阻力 2. 控制油温在规定范围内

压力继电器由两部分组成。第一部分是压力-位移转换器,第二部分是电气微动开关。

若按压力-位移转换器的结构将压力继电器分类,有柱塞式、弹簧管式、膜片式和波纹管式四种。其中柱塞式的最为常用。

若按微动开关将压力继电器分类,有单触点式和双触点式。其中以单触点式的用得较多。

柱塞式压力继电器的工作原理见图 7-18。

当系统的压力达到压力继电器的调定压力时,作用于柱塞 1 上的液压力克服弹簧力,顶杆 2 上移,使微动开关 4 的触头闭合,发出相应的电信号。调节螺帽 3 可调节弹簧的预压缩量,从而可改变压力继电器的调定压力。

此种柱塞式压力继电器宜用于高压系统。但位移较大,反应较慢,不宜用在低压系统。

膜片式压力继电器的位移很小,反应快,重复精度高,但易受压力波动影响不能用于高压,只能用于低压。

7.3.4.2　压力继电器的应用

(1) 用压力继电器控制的保压-卸荷回路

如图 7-19 所示夹紧机构液压缸的保压-卸荷回路中,采用了压力继电器和蓄能器。当三位四通电磁换向阀左位工作时,液压泵向蓄能器和夹紧缸左腔供油,并推动活塞杆向右移动。在夹紧工件时系统压力升高,当压力达到压力继电器的开启压力时,表示工件已被夹牢,蓄能器已储备了足够的压力油。这时压力继电器发出电信号,使二位电磁换向阀通电,

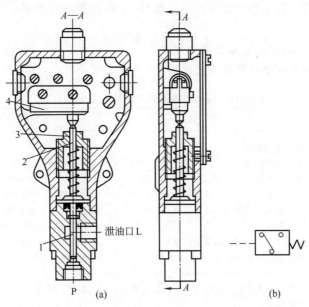

图 7-18 柱塞式压力继电器的工作原理

1—柱塞；2—顶杆；3—调节螺帽；4—微动开关

控制溢流阀使泵卸荷。此时单向阀关闭，液压缸若有泄漏，油压下降则可由蓄能器补油保压。当夹紧缸压力下降到压力继电器的闭合压力时，压力继电器自动复位，又使二位电磁阀断电，液压泵重新向夹紧缸和蓄能器供油。这种回路用于夹紧工件持续时间较长时，可明显地减少功率损耗。

（2）用压力继电器控制顺序动作的回路

如图 7-20 所示回路为用压力继电器控制电磁换向阀实现由"工进"转为"快退"的回路。当图中电磁阀左位工作时，压力油经调速阀进入缸左腔，缸右腔回油，活塞慢速"工进"。当活塞行至终点停止时，缸左腔油压升高，当油压达到压力继电器的开启压力时，压力继电器发出电信号，使换向阀右端电磁铁通电（左端电磁铁断电），换向阀右位工作。这

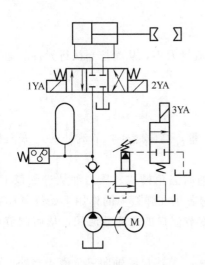

图 7-19 用压力继电器的保压-卸荷回路

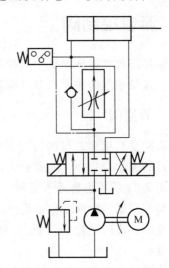

图 7-20 用压力继电器控制顺序动作的回路

时压力油进入缸右腔，缸左腔回油（经单向阀），活塞快速向左退回。实现了由"工进"到"快退"的转换。

7.3.4.3 压力继电器的常见故障及排除方法

压力继电器的常见故障及排除方法见表 7-10。

表 7-10 压力继电器的常见故障及排除方法

故障现象	产 生 原 因	排 除 方 法
输出量不合要求或无输出	1. 微动开关损坏 2. 电气线路故障 3. 阀芯卡死或阻尼孔堵死 4. 进油管道弯曲，变形，使油液流动不畅通 5. 调节弹簧太硬或压力调得过高 6. 管接头处漏油 7. 与微动开关相接的触头未调整好 8. 弹簧和杠杆装配不良，有卡滞现象	1. 更换微动开关 2. 检查原因，排除故障 3. 清洗、修配，达到要求 4. 更换管子，使油液流通畅通 5. 更换适宜的弹簧或按要求调节压力值 6. 拧紧接头，消除漏油 7. 精心调整，使接点接触良好 8. 重新装配，使动作灵敏
灵敏度太差	1. 杠杆柱销处摩擦力过大，或钢球与柱塞接触处摩擦力过大 2. 装配不良，动作不灵活或"憋劲" 3. 微动开关接触行程太长 4. 接触螺钉、顶杆等调节不当 5. 钢球不圆 6. 阀芯移动不灵活 7. 安装不妥，如水平和倾斜安装	1. 重新装配，使动作灵敏 2. 重新装配，使动作灵敏 3. 合理调整位置 4. 合理调整螺钉和顶杆位置 5. 更换钢球 6. 清洗、修理，使之灵活 7. 改为垂直安装
发信号太快	1. 进油口阻尼孔太大 2. 膜片碎裂 3. 系统冲击压力太大 4. 电气系统设计有误	1. 阻尼孔适当改小，或在控制管路上增设阻尼管 2. 更换膜片 3. 在控制管路上增设阻尼管，以减弱冲击压力 4. 要按工艺要求设计电气系统

7.4 流量控制阀

流量控制阀在液压系统中可控制执行元件的输入流量大小，从而控制执行元件的运动速度大小，流量控制阀主要有节流阀和调速阀等。

7.4.1 节流阀

节流阀是利用阀芯与阀口之间缝隙大小来控制流量，缝隙越小，节流处的过流面积越小，通过的流量就越小；缝隙越大，通过的流量越大。

如图 7-21 所示为普通节流阀。它的节流油口为轴向三角槽式。压力油从进油口 P_1 流入，经阀芯左端的轴向三角槽后由出油口 P_2 流出。阀芯 1 在弹簧力的作用下始终紧贴在推杆 2 的端部。旋转手轮 3，可使推杆沿轴向移动，改变节流口的通流截面积，从而调节通过阀的流量。

节流阀输出流量的平稳性与节流口的结构形式有关。节流口除轴向三角槽式之外，还有偏心式、针阀式、周向缝隙式、轴向缝隙式等。

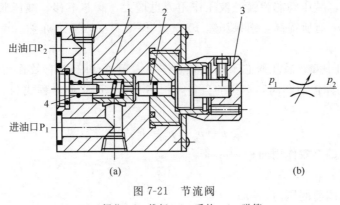

图 7-21 节流阀

1—阀芯；2—推杆；3—手轮；4—弹簧

节流阀结构简单，制造容易，体积小，使用方便，造价低。但负载和温度的变化对流量稳定性的影响较大，因此只适用于负载和温度变化不大或速度稳定性要求不高的液压系统。

7.4.2 调速阀

调速阀是由定差减压阀与节流阀串联而成的组合阀。节流阀用来调节通过的流量，定差减压阀则自动补偿负载变化的影响，使节流阀前后的压差为定值，消除了负载变化对流量的影响。

如图 7-22 所示为应用调速阀进行调速的工作原理图。调速阀的进口压力 p_1 由溢流阀调定，油液进入调速阀后先经减压阀 1 的阀口将压力降至 p_2，然后再经节流阀 2 的阀口使压力由 p_2 降至 p_3。减压阀 1 上端的油腔 b 经孔 a 与节流阀 2 后的油液相通（压力为 p_3）。它的肩部油腔 c 和下端油腔 e 经孔 f 及 d 与节流阀 2 前的油液相通（压力为 p_2）使减压阀 1 上作用的液压力与弹簧力平衡。调速阀的出口压力 p_3 是由负载决定的。当负载发生变化，则 p_3 和调速阀进出口压力差 $p_1 - p_3$ 随之变化，但节流阀两端压力差 $p_2 - p_3$ 却不变。例如负

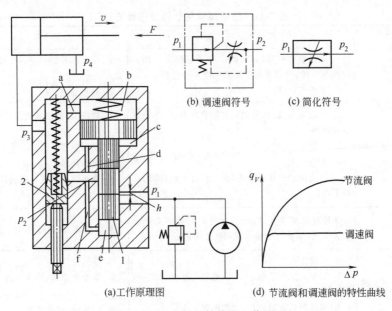

(b) 调速阀符号　　(c) 简化符号

(a)工作原理图　　(d) 节流阀和调速阀的特性曲线

图 7-22 调速阀的结构和工作原理

载增加使 p_3 增大，减压阀芯弹簧腔液压作用力也增大，阀芯下移，减压阀的阀口开大，减压作用减小，使 p_2 有所提高，结果压差 p_2-p_3 保持不变，反之亦然。调速阀通过的流量因此就保持恒定了。

从工作原理图中知，减压阀芯下端总有效作用面积 A 和上端有效作用面积 A 相等，若不考虑阀芯运动的摩擦力和阀芯本身的自重，阀芯上受力的平衡方程式为

$$p_2 A = p_3 A + F_簧$$

即

$$\Delta p = p_2 - p_3 = F_簧/A$$

式中　A——阀芯的有效作用面积，m^2；

　　　$F_簧$——弹簧力，N；

　　　p_2——节流阀前的压力，Pa；

　　　p_3——节流阀后的压力，Pa。

因为减压阀上端的弹簧设计得很软，而且在工作过程中阀芯的移动量很小，因此等式右边 $F_簧/A$ 可以视为常量，所以节流阀前后的压力差 $\Delta p = p_2 - p_3$ 也可视为不变，从而通过调速阀的流量基本上保持定值。

由上述分析可知，不管调速阀进、出压力如何变化，由于定差减压阀的补偿作用，节流阀前后的压力降将基本上维持不变。故通过调速阀的流量基本上不受外界负载变化的影响。

由图 7-22(d) 中可以看出，节流阀的流量随压力差变化较大，而调速阀在压力差大于一定数值后，流量基本上保持恒定。当压力差很小时，由于减压阀阀芯被弹簧压在最下端。不能工作，减压阀的节流口全开，起不到节流作用，故这时调速阀的性能与节流阀相同。所以，调速阀的最低正常工作压力降应保持在 0.4～0.5MPa。图 7-22(b)、(c) 均为其图形符号。

7.4.3　流量阀常见故障及排除方法

流量阀常见故障及排除方法见表 7-11。

表 7-11　流量阀常见故障及排除方法

	故障现象	产　生　原　因	排　除　方　法
节流阀	不出油	1. 油液脏堵塞节流口、阀芯和阀套配合不良造成阀芯卡死、弹簧弯曲变形或刚度不合适等 2. 系统不供油	1. 检查油液、清洗阀、检修，更换弹簧 2. 检查油路
	执行元件速度不稳定	1. 节流阀节流口、阻尼孔有堵塞现象,阀芯动作不灵敏等 2. 系统中有空气 3. 泄漏过大 4. 节流阀的负载变化大,系统设计不当,阀的选择不合适	1. 清洗阀、过滤或更换油液 2. 排除空气 3. 更换阀芯 4. 选用调速阀或重新设计回路
调速阀	不出油	油液脏堵塞节流口、阀芯和阀套配合不良造成阀芯卡死、弹簧弯曲变形或刚度不合适等	检查油液、清洗阀、检修，更换弹簧
	执行元件速度不稳定	1. 系统中有空气 2. 定差式减压阀阀芯卡死、阻尼孔堵塞、阀芯和阀体装配不当等 3. 油液脏堵塞阻尼孔、阀芯卡死 4. 单向调速阀的单向阀密封不好	1. 排除空气 2. 清洗调速阀、重新修理 3. 清洗阀、过滤油液 4. 修理单向阀

7.4.4 分流集流阀

分流集流阀是分流阀、集流阀和分流集流阀的总称。

分流阀的作用是使液压系统中的同一个能源向两个执行元件供应相同的流量（等量分流）或按一定比例向两个执行元件供应流量（比例分流），以实现两个执行元件的速度保持同步或定比关系。集流阀的作用则是从两个执行元件收集等流量或按比例的回油量，以实现其间的速度同步或定比关系。单独完成分流（集流）作用的液压阀称分流（集流）阀，能同时完成上述分流和集流功能的阀称为分流集流阀。图形符号如图7-23所示。

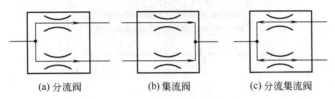

(a) 分流阀　　　　　(b) 集流阀　　　　　(c) 分流集流阀

图 7-23　分流集流阀图形符号

7.5　电液伺服阀

7.5.1　电液伺服阀的工作原理

电液伺服阀是一种能把微弱的电气模拟信号转变为大功率液压能（流量、压力）的伺服阀。它集中了电气和液压的优点，具有快速的动态响应和良好的静态特性，已广泛应用于电液位置、速度、加速度、力伺服系统中。

电液伺服阀工作原理见图7-24，它由力矩马达、喷嘴挡板式液压前置放大级和四边滑阀功率放大级等三部分组成。

7.5.1.1　力矩马达

力矩马达由一对永久磁铁1，导磁体2、4，衔铁3，线圈12和弹簧管11等组成。其工作原理为：永久磁铁将两块导磁体磁化为N、S极。当控制电流通过线圈12时，衔铁3被磁化。若通入的电流使衔铁左端为N极，右端为S极，根据磁极间同性相斥、异性相吸的原理，衔铁向逆时针方向偏转。衔铁由固定在阀体10上的弹簧管11支撑，这时弹簧管弯曲变形，产生一反力矩作用在衔铁上。由于电磁力与输入电流值成正比，弹簧管的弹性力矩又与其转角成正比，因此衔铁的转角与输入电流的大小成正比。电流越大，衔铁偏转的角度也越大。电流反向输入时，衔铁也反向偏转。

7.5.1.2　前置放大级

力矩马达产生的力矩很小，不能直接用来驱动四边控制滑阀，必须先进行放大。前置放大级由挡板5（与衔铁固连在一起）、喷嘴6、固定节流孔7和滤油器8组成。工作原理为：力矩马达使衔铁偏转，挡板5也一起偏转。挡板偏离中间对称位置后，喷嘴腔内的油液压力 p_1、p_2 发生变化。若衔铁带动挡板逆时针偏转时，挡板的节流间隙右侧减小，左侧增大。于是，压力 p_1 增大，p_2 减小，滑阀9在压力差的作用下向左移动。

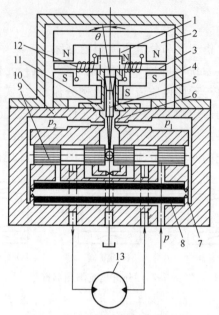

图 7-24　电液伺服阀工作原理

1—永久磁铁；2,4—导磁体；3—衔铁；5—挡板；6—喷嘴；7—固定节流孔；
8—滤油器；9—滑阀；10—阀体；11—弹簧管；12—线圈；13—液压马达

7.5.1.3　功率放大级

功率放大级由滑阀 9 和阀体 10 组成。其作用是将前置放大级输入的滑阀位移信号进一步放大，实现控制功率的转换和放大。工作原理为：当电流使衔铁和挡板作逆时针方向偏转时，滑阀受压差作用而向左移动，这时油源的压力油从滑阀左侧通道进入液压马达 13，回油经滑阀右侧通道，经中间空腔流回油箱，使液压马达 13 旋转。与此同时，随着滑阀向左移动，使挡板在两喷嘴的偏移量减小，实现了反馈作用，当这种反馈作用使挡板又恢复到中位时，滑阀受力平衡而停止在一个新的位置不动，并有相应的流量输出。

由上述分析可知，滑阀位置是通过反馈杆变形力反馈到衔铁上，使诸力平衡而决定的，所以也称此阀为力反馈式电液伺服阀，其工作原理可用图 7-25 所示的方框图表示。

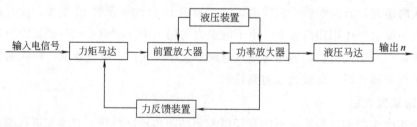

图 7-25　力反馈式电液伺服阀方框图

7.5.2　电液伺服阀常见故障及原因

电液伺服阀常见故障及原因见表 7-12。

表 7-12 电液伺服阀常见故障及原因

常 见 故 障	原 因
阀不工作(无流量或压力输出)	1. 外引线断路 2. 电插头焊点脱焊 3. 线圈或内引线断路(或短路) 4. 进油或回油未接通或进、回油口接反
阀输出流量或压力过大或不可控制	1. 阀安装座表面不平,或底面密封圈未装妥,使阀壳体变形,阀芯卡死 2. 阀控制级堵塞 3. 阀芯被脏物或锈块卡住
阀反应迟钝,响应降低,零偏增大	1. 系统供油压力低 2. 阀内部油液太脏 3. 阀控制级局部堵塞 4. 调零机械或力矩马达(力马达)部分零组件松动
阀输出流量或压力(或执行机构速度或力)不能连续控制	1. 系统反馈断开 2. 系统出现正反馈 3. 系统的间隙、摩擦或其他非线性因素 4. 阀的分辨率变差、滞环增大 5. 油液太脏
系统出现抖动或振动(频率较高)	1. 系统开环增益太大 2. 油液太脏 3. 油液混入大量空气 4. 系统接地干扰 5. 伺服放大器电源滤波不良 6. 伺服放大器噪声变大 7. 阀线圈绝缘变差 8. 阀外引线碰到地线 9. 电插头绝缘变差 10. 阀控制级时堵时通
系统慢变(频率较低)	1. 油液太脏 2. 系统极限环振荡 3. 执行机构摩擦大 4. 阀零位不稳(阀内部螺钉或机构松动,或外调零机构未锁紧,或控制级中有污物) 5. 阀分辨率变差
外部漏油	1. 安装座表面粗糙度过大 2. 安装座表面有污物 3. 底面密封圈未装妥或漏装 4. 底面密封圈破裂或老化 5. 弹簧管破裂

7.5.3 液压伺服系统实例

大型载重卡车广泛采用液压助力器,以减轻司机的体力劳动。这种液压助力器是一种位置控制的液压伺服机构。图 7-26 是转向液压助力器的原理图,它主要由液压缸和控制滑阀两部分组成。液压缸活塞 1 的右端通过铰销固定在汽车底盘上,液压缸缸体 2 和控制滑阀阀体连在一起形成负反馈,由方向盘 5 通过摆杆 4 控制滑阀阀芯 3 的移动。当缸体 2 前后移动时,通过转向连杆机构 6 等控制车轮偏转,从而操纵汽车转向。当阀芯 3 处于图示位置时,各阀口均关闭,缸体 2 固定不动,汽车保持直线运动。由于控制滑阀采用负开口的形式,故

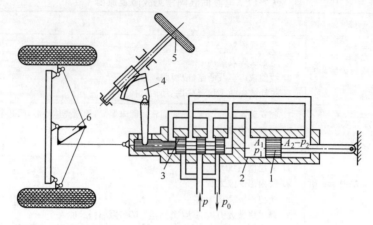

图 7-26 转向液压助力器
1—活塞；2—缸体；3—阀芯；4—摆杆；5—方向盘；6—转向连杆机构

可以防止引起不必要的扰动。当旋转方向盘，假设使阀芯 3 向右移动时，液压缸中压力 p_1 减小，p_2 增大，缸体也向右移动，带动转向连杆机构 6 向逆时针方向摆动，使车轮向左偏转，实现左转弯；反之，缸体若向左移就可实现右转弯。

实际操作时，驾驶方向盘旋转的方向和汽车转弯的方向上是一致的。为使驾驶员在操纵方向盘时能感觉到转向的阻力，所以在控制滑阀端部增加两个油腔，分别与液压缸前后腔相通（见图 7-26），这时移动控制阀阀芯时所需的力就和液压缸的两腔压力差（$\Delta p = p_1 - p_2$）成正比，因而具有真实感。

7.6 比例阀、插装阀和叠加阀

7.6.1 电液比例控制阀

电液比例控制阀是一种按输入的电气信号连续地、按比例地对油液的压力、流量或方向进行远距离控制的阀。与手动调节的普通液压阀相比，电液比例控制阀能够提高液压系统参数的控制水平；与电液伺服阀相比，电液比例控制阀在某些性能上稍差一些，但它结构简单、成本低，所以广泛应用于要求对液压参数进行连续控制或程序控制，但对控制精度和动态特性要求不太高的液压系统中。

电液比例控制阀的构成，相当于在普通液压阀上装上一个比例电磁铁，以代替原有的控制部分。根据用途和工作特点的不同，电液比例控制阀可以分为电液比例压力阀、电液比例换向阀和电液比例调速阀三大类。

7.6.1.1 电液比例压力阀及应用

用比例电磁铁代替溢流阀的调压螺旋手柄，构成比例溢流阀。如图 7-27 所示为先导式比例溢流阀，其下部为溢流阀，上部为比例先导阀。比例电磁铁的衔铁 4，通过顶杆 6 控制先导锥阀 2，从而控制溢流阀芯上腔压力。使控制压力与比例电磁铁输入电流成比例。其中手调先导阀 9 用来限制比例压力阀最高压力。远控口 K 可以用来进行远程控制。用同样的方式，也可以组成比例顺序阀和比例减压阀。

图 7-28 为利用比例溢流阀和比例减压阀的多级调压回路。图中 2 和 6 为电子放大器。

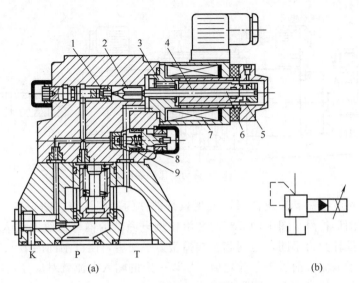

图 7-27　先导式比例溢流阀

1—先导阀座；2—先导锥阀；3—极靴；4—衔铁；5—弹簧；6—顶杆；

7—线圈；8—弹簧；9—手调先导阀

改变输入电流 I，即可控制系统的工作压力。用它可以替代普通多级调压回路中的若干个压力阀，且能对系统压力进行连续控制。

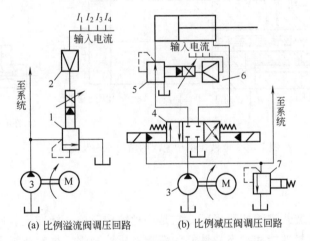

图 7-28　应用比例阀的多级调压回路

1—比例溢流阀；2,6—电子放大器；3—液压泵；4—电液换向阀；

5—比例减压阀；7—溢流阀

7.6.1.2　电液比例换向阀

用比例电磁铁取代电磁换向阀中的普通电磁铁，便构成直动型比例换向阀，如图 7-29 所示。由于使用了比例电磁铁，阀芯不仅可以换位，而且换位的行程可以连续地或按比例变化，因而连通油口间的通流面积也可以连续地或按比例变化，所以比例换向阀不仅能控制执行元件的运动方向，而且能控制其速度。

7.6.1.3　电液比例调速阀

用比例电磁铁取代节流阀或调速阀的手调装置，以输入电信号控制节流口开度，便可连

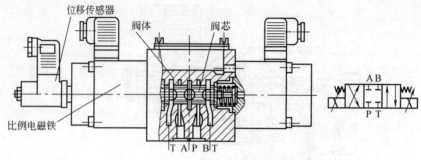

图7-29　直动型比例换向阀

续地或按比例地远程控制其输出流量，实现执行部件的速度调节。图7-30是电液比例调速阀的结构原理及图形符号。图中的节流阀芯由比例电磁铁的推杆操纵，输入的电信号不同，则电磁力不同，推杆受力不同，与阀芯左端弹簧力平衡后，便有不同的节流口开度。由于定差减压阀已保证了节流口前后压差为定值，所以一定的输入电流就对应一定的输出流量，不同的输入信号变化，就对应着不同的输出流量变化。

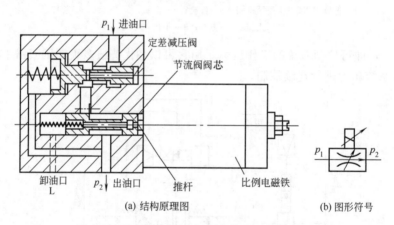

(a) 结构原理图　　　　　　(b) 图形符号

图7-30　电液比例调速阀的结构原理及图形符号

7.6.2　插装阀

插装阀也称为插装式锥阀或逻辑阀。它是一种结构简单，标准化、通用化程度高，通油能力大，液阻小，密封性能和动态特性好的新型液压控制阀。目前在高压大流量系统中广泛应用。

插装阀主要由锥阀组件、阀体、控制盖板及先导元件组成。图7-31中，阀套2、弹簧3和锥阀4组成锥阀组件，插装在阀体5的孔内。上面的盖板1上设有控制油路与其先导元件连通（先导元件图中未画出）。锥阀组件上配置不同的盖板，就能实现各种不同的功能。同一阀体内可装入若干个不同机能的锥阀组件，加相应的盖板和控制元件组成所需的液压回路或系统，可使结构很紧凑。

从工作原理讲，插装阀是一个液控单向阀。图7-31中，A、B为主油路通口，K为控制油口。设A、B、K油口所通油腔的油液压力及有效工作面积分别为 p_A、p_B、p_K 和 A_1、A_2、$A_K(A_1+A_2=A_K)$，弹簧的作用力为 F_s，且不考虑锥阀的质量、液动力和摩擦力等的影响，则当 $p_A A_1 + p_B A_2 < F_s + p_K A_K$ 时，锥阀闭合，A、B油口不通；当 $p_A A_1 +$

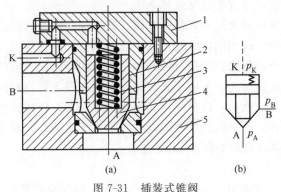

图 7-31 插装式锥阀

1—控制盖板；2—阀套；3—弹簧；4—锥阀；5—阀体

$p_B A_2 > F_s + p_K A_K$ 时，锥阀打开，油路 A、B 连通。因此可知，当 p_A、p_B 一定时，改变控制油腔的油压 p_K，可以控制 A、B 油路的通断。当控制油口 K 接通油箱时，$p_K = 0$，锥阀下部的液压力超过弹簧力时，锥阀即打开，使油路 A、B 连通。这时若 $p_A > p_B$，则油由 A 流向 B；若 $p_A < p_B$，则油由 B 流向 A。当 $p_K \geqslant p_A$，$p_K \geqslant p_B$ 时，锥阀关闭，A、B 不通。

插装阀锥阀芯的端部可开阻尼孔或节流三角槽，也可以制成圆柱形。插装式锥阀可用作方向控制阀、压力控制阀和流量控制阀。

7.6.3　叠加阀

叠加式液压阀简称叠加阀，它是在板式阀集成化基础上发展起来的新型液压元件。这种阀既具有板式液压阀的工作功能，其阀体本身又同时具有通道体的作用，从而能用其上、下

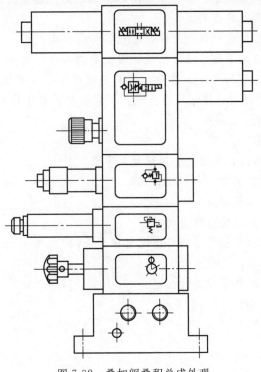

图 7-32　叠加阀叠积总成外观

安装面呈叠加式无管连接，组成集成化液压系统。

叠加阀自成体系，每一种通径系列的叠加阀，其主油路通道和螺钉孔的大小、位置、数量都与相应通径的板式换向阀相同。因此，同一通径系列的叠加阀可按需要组合叠加起来组成不同的系统。通常用于控制同一个执行件的各个叠加阀与板式换向阀及底板纵向叠加成一叠，组成一个子系统。其换向阀（不属于叠加阀）安装在最上面，与执行件连接的底板块放在最下面。控制液流压力、流量，或单向流动的叠加阀安装在换向阀与底板块之间，其顺序应按子系统动作要求安排。由不同执行件构成的各子系统之间可以通过底板块横向叠加成为一个完整的液压系统，其外观图如图 7-32 所示。

叠加阀的主要优点有以下几点。

① 标准化、通用化、集成化程度高，设计、加工、装配周期短。

② 用叠加阀组成的液压系统结构紧凑、体积小、质量轻、外形整齐美观。

③ 叠加阀可集中配置在液压站上，也可分散安装在设备上，配置形式灵活。系统变化时，元件重新组合叠装方便、迅速。

④ 因不用油管连接，压力损失小，漏油少，振动小，噪声小，动作平稳，使用安全可靠，维修容易。

其缺点是回路形式较少，通径较小，品种规格尚不能满足较复杂和大功率液压系统的需要。

根据叠加阀的工作功能，它可以分为单功能阀和复合功能阀两类。

思考题

1. 说明普通单向阀和液控单向阀的工作原理及区别，它们在用途上有何区别？

2. 什么是换向阀的"位"与"通"？

3. 什么是三位阀的中位机能？有哪些常用的中位机能？中位机能的特点和作用如何？

4. 滑阀式换向阀有哪几种控制方式？

5. 电磁换向阀采用直流电磁铁和交流电磁铁各有何特点？

6. 为什么直动式溢流阀适用于低压系统，而先导式溢流阀适用于高压系统？

7. 先导式溢流阀的阻尼孔起什么作用？如果它被堵塞，会出现什么情况？若把先导式溢流阀弹簧腔堵死，不与回油腔接通，会出现什么现象？若把先导式溢流阀的远程控制口当成泄漏口接油箱，会产生什么问题？

8. 溢流阀有何种应用？

9. 将减压阀的进、出油口反接，会出现什么现象？

10. 顺序阀有哪几种控制方式和泄油方式？

11. 试述节流阀的工作原理。

12. 调速阀是如何稳定其输出流量的？

13. 若将调速阀的进出口接错了，将出现何种后果？

14. 电液伺服阀工作原理是什么？

15. 电液比例控制阀工作原理是什么？

16. 插装阀特点有哪些？

17. 叠加阀特点有哪些？

8 液压辅助装置

液压系统中的辅助装置包括蓄能器、油箱、滤油器、加热器和冷却器等，是液压系统中不可缺少的组成部分。在液压系统中，液压辅助装置的数量多（如油管、管接头）、分布广（如密封装置），对液压系统和液压元件的正常运行、工作效率、使用寿命等影响极大，是保证液压系统有效地传递力和运动的重要元件。因此，在设计、选择、安装、使用和维护时，应给予足够的重视。辅助装置除油箱外已标准化、系列化，应合理选用。油箱则常需要根据系统的要求自行设计。

8.1 蓄能器

蓄能器在液压系统中是一个很重要的部件，合理地选用对液压系统的经济性、安全性及可靠性都有极其重要的影响。其作用是储蓄一定压力的液体能量，需要时再释放出去，对液压系统压力及流量起到稳定及缓冲作用。

8.1.1 蓄能器的类型及特点

蓄能器按其作用于工作液的物质不同，一般分为气体加载式、非气体加载式等两类。每一类蓄能器又根据其结构有不同型式。具体分类如下。

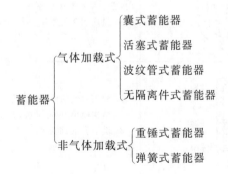

蓄能器的结构和特点见表8-1。

8.1.2 蓄能器常见故障及排除方法

蓄能器的故障产生原因及排除方法见表8-2。

表 8-1 蓄能器的结构和特点

种类	结　　构	特　　点
囊式		1. 利用气体的压缩和膨胀来储存、释放压力能；气体和油液在蓄能器中由气囊隔开 2. 带弹簧的菌状进油阀使油液能进入蓄能器又可防止气囊自油口被挤出，充气阀只在蓄能器工作前气囊充气时打开，蓄能器工作时则关闭 3. 结构尺寸小，质量轻，安装方便，维护容易，气囊惯性小，反应灵敏；但气囊和壳体制造都较难 4. 折合型气囊容量较大，可用来储存能量；波纹型气囊适用于吸收冲击
活塞式		1. 利用气体的压缩和膨胀来储存、释放压力能；气体和油液在蓄能器中由活塞隔开 2. 结构简单，工作可靠，安装容易，维护方便，但活塞惯性大，活塞和缸壁间有摩擦，反应不够灵敏，密封要求较高 3. 用来储存能量，或供中、高压系统吸收压力脉动之用
波纹管式		压力容器内设置金属波纹管把气体与油液隔开。金属波纹管耐油性好，适应温度范围宽，但有疲劳损坏的危险。用于特殊流体及高温用等低压小容量场合
无隔离件式		1. 利用气体的压缩和膨胀来储存、释放压力能，气体和油液在蓄能器中直接接触 2. 容量大、惯性小、反应灵敏，轮廓尺寸小，但气体容量混入油内，影响系统工作平稳性 3. 只适用于大流量的中、低压回路
弹簧式		1. 利用弹簧的伸缩来储存、释放压力能 2. 结构简单，反应灵敏，但容量小 3. 供小容量、低压($p \leqslant 1 \sim 1.2\text{MPa}$)回路缓冲用，不适用于高压或高额的工作场合
重锤式		在缸杆上堆放重物，利用该重物蓄能。输出压力可以保持恒定，仅取决于所放重物，而与液面位置无关。适用于低压大容量蓄能的场合

表 8-2　蓄能器的故障产生原因及排除方法

类　型	故障现象	产生原因	排除方法
重锤型	压力上不去 液压缸漏油 不能蓄压 蓄压时间慢	1. 由于重量不足 2. 密封件损坏 3. 从其他阀类产生内部漏损 4. 泵的容量不足；从其他元件产生内部漏损	1. 增加重量 2. 调换密封件 3. 调换密封件 4. 调换密封件
非隔离型	气体消耗量甚多 回路分离气泡	内部油和气体直接接触，因搅拌而消耗多 回路中部分地方产生负压	提高最低油液面；在油的入口处设隔板，使出入油的流速不产生油的搅拌，设置节流阀，降低油的出入流速。在回路中设置背压，使液压缸、液压马达动作时不产生负压
活塞型	气体消耗量多	1. 活塞密封不好，由于： ① 材质、形状等未选择好 ② 安装不良（安装时应预先充入10%左右的油） ③ 寿命已尽 2. 从端盖密封处漏气 3. 从充气阀处漏气	更换或重装密封件
气囊型	气体消耗量多	从充气阀处漏气 从皮囊的微小孔处漏气	拆开检查
	气囊破损	工作油过快注入油箱 气体压力过低 气囊安装不恰当 气体压力过高 气囊设计、制造上有缺陷 工作油与气囊材质不相容 使用条件过于恶劣（使用频率高；高温下使用；高低压差太大） 寿命已尽（由于与内壁接触引起的磨损；油液和油温引起的性质变化）	检查工作压力范围与封入气体压力的关系 检查耐油性

8.1.3　蓄能器的用途

蓄能器在液压系统中的作用主要有以下几个方面。

（1）用于储存能量和短期大量供油

液压缸在慢速运动时需要流量较小，快速时则较大，在选择液压泵时，应考虑快速时的流量。液压系统设置蓄能器后，可以减小液压泵的容量和驱动电动机的功率。在图 8-1 中，当液压缸停止运动时，系统压力上升，压力油进入蓄能器储存能量。当换向阀切换使液压缸快速运动时，系统压力降低，此时蓄能器中压力油排放出来，与液压泵同时向液压缸供油。

这种蓄能器要求容量较大。

(2) 用于系统保压和补偿泄漏

如图 8-2 所示，当液压缸夹紧工件后，液压泵供油压力达到系统最高压力时，液压泵卸荷，此时液压缸靠蓄能器来保持压力并补偿漏油，减少功率消耗。

(3) 用于应急油源

液压设备在工作中遇到特殊情况，如停电，液压阀或泵发生故障等，蓄能器可作为应急动力源向系统供油，使某一动作完成，从而避免事故发生。图 8-3 是蓄能器用作应急油源，正常工作时，蓄能器储油，当发生故障时，则依靠蓄能器提供压力油。

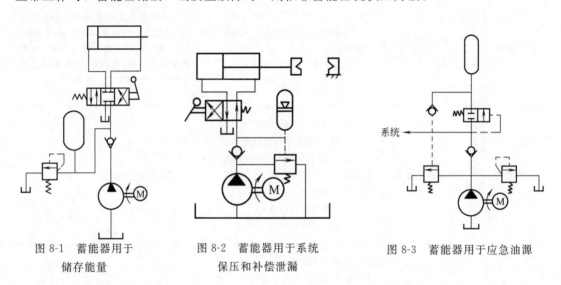

图 8-1 蓄能器用于
储存能量

图 8-2 蓄能器用于系统
保压和补偿泄漏

图 8-3 蓄能器用于应急油源

(4) 用于吸收脉动压力

蓄能器与液压泵并联可吸收液压泵流量（压力）脉动（见图 8-4）。对这种蓄能器要求是容量小、惯性小、反应灵敏。

(5) 用于缓和冲击压力

图 8-5 中当阀突然关闭时，由于存在液压冲击会使管路破坏、泄漏增加、损坏仪表和元件，此时蓄能器可以起到缓和液压冲击的作用。用于缓和冲击压力时，要选用惯性小的气囊

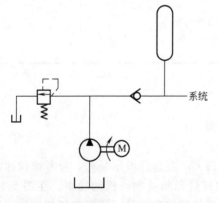

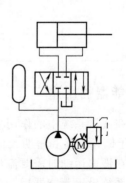

图 8-4 蓄能器用于吸收脉动压力

图 8-5 蓄能器用于缓和冲击压力

式、隔膜式蓄能器。

8.1.4 蓄能器安装及使用

① 充气式蓄能器应将油口向下垂直安装，以使气体在上，液体在下；装在管路上的蓄能器要有牢固的支持架装置。

② 液压泵与蓄能器之间应设单向阀，以防压力油向液压泵倒流；蓄能器与系统连接处应设置截止阀，供充气、调整、检修使用。

③ 应尽可能将蓄能器安装在靠近振动源处，以吸收冲击和脉动压力，但要远离热源。

④ 蓄能器中应充氮气，不可充空气和氧气。充气压力约为系统最低工作压力的85%～90%。

⑤ 不能拆卸在充油状态下的蓄能器。

⑥ 在蓄能器上不能进行焊接、铆接、机械加工。

⑦ 备用气囊应存放在阴凉、干燥处。气囊不可折叠，而要用空气吹到正常长度后悬挂起来。

⑧ 蓄能器上的铭牌应置于醒目的位置，铭牌上不能喷漆。

8.2 油箱

油箱的用途是储存系统所需的足够油液；散发系统工作中产生的一部分热量；分离油液中的气体及沉淀污物。

按油箱液面与大气是否相通分为开式油箱和闭式油箱；按油箱形状分为矩形油箱和圆筒形状油箱；按液压泵与油箱相对安装位置，分为上置式（液压泵装在油箱盖上）、下置式（液压泵装在油箱内浸入油中）和旁置式（液压泵装在油箱外侧旁边）三种油箱。其中上置式油箱，泵运转时由于箱体共鸣易引起振动和噪声，对泵的自吸能力要求较高，因此只适合于小泵；下置式油箱有利于泵的吸油，噪声也较小，但泵的安装、维修不便；对于旁置式油箱，因泵装于油箱一侧，且液面在泵的吸油口之上，最有利于泵的吸油、安装及泵和油箱的维修，此类油箱适合于大泵。

开式油箱的典型结构见图 8-6。

开式油箱由薄钢板焊接而成，大的开式油箱往往用角钢做骨架，蒙上薄钢板焊接而成。油箱的壁厚根据需要确定，一般不小于 3mm，特别小的油箱例外。油箱要有足够的刚度，以便在充油状态下吊运时，不致产生永久变形。

隔板 7 将油箱分割成两个相互连通的空间，隔板两侧分别放置回油管 2 和吸油管 4，这样放置的目的是使回油管出来的温度较高且含有污垢的油不致立即被吸油管又吸回系统。

隔板高度最高为油箱高度的 2/3，小的油箱可使油经隔板上的孔流到油箱的另一部分。较大的油箱有几块隔板，隔板宽度小于油箱宽度，使油经过曲折的途径才能缓慢到达油箱的另一部分。这样来自回油管的油液有足够的时间沉淀污垢并散热。有的隔板上带 60 目的滤网，它们既可阻留较大的污垢颗粒，又可使油中的空气泡

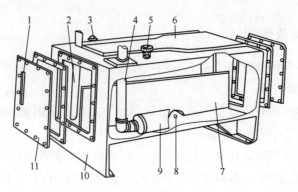

图 8-6　开式油箱结构示意

1—液面指示器；2—回油管；3—泄油管；4—吸油管；
5—空气滤清器（带加油滤油器）；6—盖板；7—隔板；
8—堵塞；9—滤油器；10—箱体；11—清洗用侧板

破裂。

　　若油箱中装的不是油而是乳化液则不应设置隔板，以免油水分离。此种油箱应使乳化液在箱内流动时能充分搅拌（一般专设搅拌器），才能使油、水充分混合。即便是这种油箱，吸油管也应远离回油管。

　　泵的吸油管口距油箱底面最高点的距离不应小于 50mm。一般在吸油管口安装粗滤油器 9。有时在吸油管附近还装有磁性滤油器。这样安置吸油管是为防止吸油管吸入污垢。

　　回油管至少应伸入最低液面之下 500mm，以防止空气混入，与箱底距离不得小于管径的 1.5 倍，以防止箱底的沉积物冲起。管端应切成面对箱壁的 45° 切口，或在管端装扩散器以减慢回油流速。为了减少油管的管口数目，可将各回油管汇总成为回油总管再通入油箱。回油总管的尺寸理所当然应大于各个回油管尺寸之和。

　　泄油管 3 必须和回油管 2 分开，不得合用一根管子。这是为了防止回油管中的背压传入泄油管。一般泄油管端应在液面之上，以利于重力泄油和防止虹吸。

　　不管何种管子穿过油箱上盖或侧壁时，均靠焊接在上盖或侧壁上的法兰和接头使管子固定和密封。

　　油箱上盖是可拆的，需要密封以防灰尘等侵入油箱，但是油面要保持大气压，这就需要使油箱和大气相通，于是在油箱上设专用的空气滤清器 5 并应兼有注油口的功能。

　　箱底应略倾斜，并在最低点设置放油塞 8，以利放净箱内油。箱底离地面不少于150mm，以利放油、通风冷却和搬运。

　　为便于清洗，较大油箱应在侧壁上设清洗用侧板 11。应在易于观察的部位设液面指示器 1，同时还应有测温装置。为了控制油温还应设加热器和冷却器。

　　若油箱装石油基液压油，油箱内壁应涂耐油防锈漆以防生锈。

8.3　过滤器

　　过滤器的作用是过滤掉油液中的杂质，降低液压系统中油液污染度，保证系统正常工作。其主要机制可归纳为直接阻截和吸附作用。

8.3.1 对过滤器的要求

液压油中往往含有颗粒状杂质，会造成液压元件相对运动表面的磨损、滑阀卡滞、节流孔堵塞，以致影响液压系统正常工作和寿命。一般对过滤器的基本要求如下。

① 能满足液压系统对过滤精度要求，即能阻挡一定尺寸的机械杂质进入系统。

② 通流能力大，即全部流量通过时，不会引起过大的压力损失。

③ 滤芯应有足够强度，不会因压力油的作用而损坏。

④ 易于清洗或更换滤芯，便于拆装和维护。

8.3.2 过滤器的主要性能指标

过滤器的主要性能指标有过滤精度、通流能力、纳垢容量、压降特性、工作压力和温度等，其中过滤精度为主要指标。

（1）过滤精度

过滤器的过滤精度是指滤芯能够滤除的最小杂质颗粒的大小，以直径 d 作为公称尺寸时，按精度可分为粗过滤器（$d \leqslant 100\mu m$）、普通过滤器（$d \leqslant 10\mu m$）、精过滤器（$d \leqslant 5\mu m$）、特精过滤器（$d \leqslant 1\mu m$）。

（2）通流能力

指在一定压力差下允许通过滤油器的最大流量。

（3）纳垢容量

纳垢容量是指过滤器在压力降达到规定值以前，可以滤除并容纳的污染物数量。滤油器的纳垢容量越大，使用寿命就越长，一般来说，过滤面积越大，其纳垢容量也越大。

（4）压降特性

压降特性主要是指油液通过滤油器滤芯时所产生的压力损失，滤芯的精度越高，所产生的压降越大，滤芯的有效过滤面积越大，其压降就越小。压力损失还与油液的流量、黏度和混入油液的杂质数量有关。为了保持滤芯不破坏或系统的压力损失不致过大，要限制滤油器最大允许压力降。滤油器的最大允许压力降取决于滤芯的强度。

（5）工作压力和温度

滤油器在工作时，要能够承受住系统的压力，在液压力的作用下，滤芯不致破坏。在系统的工作温度下，滤油器要有较好的抗腐蚀性，且工作性能稳定。

8.3.3 过滤器的类型及特点

常用过滤器的种类及结构特点见表 8-3。

8.3.4 过滤器的安装

过滤器可以安装在液压系统的不同部位，过滤器的图形符号如图 8-7 所示。

（1）安装在液压泵吸油路上

在液压泵吸油路上安装过滤器（图 8-8 中的 1）可使系统中所有元件都得到保护。但要求过滤器有较大的通油能力和较小的阻力（不大于 $10^4 Pa$），否则将造成液压泵吸油不畅，或出现空穴现象，所以一般都采用过滤精度较低的网式过滤器。而且液压泵磨损产生的颗粒仍将进入系统，所以这种安装方式实际上主要起保护液压泵的作用。

表 8-3 常用过滤器的种类及结构特点

类 型	名称及结构简图	特 点 说 明
表面型	网式过滤器	1. 过滤精度与金属丝层数及网孔大小有关,在压力管路上常采用 100 目、150 目、200 目(每英寸长度上孔数)的铜丝网,在液压泵吸油管路上常采用 20～40 目铜丝网 2. 压力损失不超过 0.004MPa 3. 结构简单,通流能力大,清洗方便,但过滤精度低
	线隙过滤器	1. 滤芯的一层金属依靠小间隙来挡住油液中杂质的通过 2. 压力损失为 0.003～0.06MPa 3. 结构简单,通流能力大,过滤精度高,但滤芯材料强度低,不易清洗 4. 用于低压管道口,在液压泵吸油管路上时,它的流量规格宜选用比泵大
深度型	纸芯式过滤器 $A-A$	1. 结构与线隙式相同,但滤芯用平纹或波纹的纸芯增大过滤面积,纸芯制成折叠形 2. 压力损失为 0.01～0.04MPa 3. 过滤精度高,但堵塞后无法清洗,必须更换纸芯 4. 通常用于精过滤
	烧结式过滤器	1. 滤芯由金属粉末颗粒制成,改变金属粉末的颗粒大小,就可以制出不同过滤精度的滤芯 2. 压力损失为 0.03～0.2MPa 3. 过滤精度高,滤芯能承受高压,颗粒易脱落,堵塞后不易清洗 4. 适用于精过滤
吸附型	进油 1 2 3 出油 1—铁环;2—非磁性罩子;3—永久磁铁	1. 滤芯由永久磁铁制成 2. 常与其他形式滤芯合起来制成复合式过滤器 3. 对加工钢铁件的机床液压系统特别适用

(a) 一般符号　　(b) 带磁性滤芯的过滤器　　(c) 带堵塞指示器的过滤器

图 8-7　过滤器的图形符号

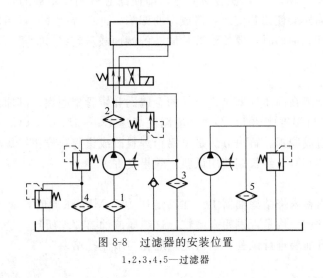

图 8-8　过滤器的安装位置

1,2,3,4,5—过滤器

（2）安装在压油路上

这种安装方式可以保护除泵以外的其他元件（图 8-8 中的 2）。由于过滤器在高压下工作，滤芯及壳体应能承受系统的工作压力和冲击压力，压降应不超过 $3.5 \times 10^5 \, Pa$。为了防止过滤器堵塞而使液压泵过载或引起滤芯破裂，过滤器应安装在溢流阀的分支油路之后，也可与滤油器并联一旁通阀或堵塞指示器。

（3）安装在回油路上

由于回油路压力低，这种安装方式可采用强度较低的过滤器，而且允许过滤器有较大的压力损失。它对系统中的液压元件起间接保护作用。为防备过滤器堵塞，也要并联一个安全阀（图 8-8 中的 3）。

（4）安装在旁路上

主要是装在溢流阀的回路上，并有一安全阀与之并联（图 8-8 中的 4）。这时过滤器通过的只是系统的部分流量，可降低过滤器的容量，这种安装方式还不会在主油路造成压力损失，过滤器也不承受系统的工作压力，但不能保证杂质不进入系统。

（5）单独过滤系统

这是用一个液压泵和过滤器组成一个独立于液压系统之外的过滤回路（图 8-8 中的 5）。它与主系统互不干扰，可以不断地清除系统中的杂质。它需要增加单独的液压泵，适用于大型机械的液压系统。

在液压系统中为获得很好的过滤效果，上述这几种安装方式经常综合使用。特别是在一些重要元件（如调速阀、伺服阀等）的前面，安装一个精过滤器来保证它们正常工作。

8.3.5　过滤器常见故障

（1）滤芯的变形

油液的压力作用在滤油器的滤芯上，如果滤芯本身的强度不够，并且在工作中被严重地阻塞（通流能力减小），阻力急剧上升，就会造成滤芯变形，严重的时候会被破坏。这种故障的产生，大多数发生在网状滤油器、腐蚀板网滤油器和粉末烧结滤油器上，特别是单层金属滤网，在压力超过 10MPa 时，便容易冲坏，即使滤芯有刚度足够的骨架支撑，由于金属网和板网的壁薄，同样会使滤芯变形，造成弯曲凹陷、冲破等故障，严重时连同骨架一起损坏。因此选择与设计滤油器时，要使油液从滤芯的侧面或从切线方向进入，避免从正面直接冲击滤芯。

（2）滤油器脱焊

液压系统中，安装在高压柱塞泵进口处的金属网和铜骨架脱离。其原因是锡铅焊料熔点为 183℃，而元件进口温度已达 117℃，环境温度高达 130～150℃。焊接强度大大降低，加上高压油的冲击，造成脱焊。解决方法是将锡铅焊料改成银焊料或银镉焊料，它们的熔点分别是 300～305℃ 与 235℃，经长期使用试验，效果良好。

（3）滤油器掉粒

多数发生在金属粉末烧结滤油器中。在额定压力 21MPa 试验时，液压阀的阻尼孔和节流孔堵塞，经检查发现，均是青铜粉末微粒，这纯属滤油器掉粒所致。解决方法是对金属粉末烧结滤油器在装机前要进行试验，以避免阻尼孔与节流孔堵塞。

8.4　热交换器

液压系统中油液的工作温度一般以 40～60℃ 为宜，最高不超过 65℃，最低不低于 15℃。油温过高或过低都会影响系统正常工作。为控制油液温度，油箱上常安装冷却器和加热器。

8.4.1　冷却器

如图 8-9 所示为最简单的蛇形管冷却器，它直接安装在油箱内并浸入油液中，管内通冷却水。这种冷却器的冷却效果好，耗水量大。

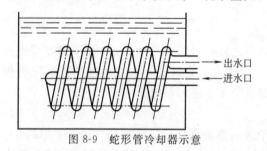

图 8-9　蛇形管冷却器示意

液压系统中用得较多的是一种强制对流式多管冷却器，如图 8-10 所示。油从油口 c 进入，从油口 b 流出；冷却水从右端盖 4 中部的孔 d 进入，通过多根水管 3 从左端盖 1 上的孔 a 流出，油在水管外面流过，三块隔板 2 用来增加油液的循环距离，以改善散热条件，冷却效果好。

液压系统中也可用风冷式冷却器进行冷却。风冷式冷却器由风扇和许多带散热片的管子组成，油液从管内流过，风扇迫使空气穿过管子和散热片表面，使油液冷却。风冷式冷却器结构简单，价格低廉，但冷却效果较水冷式差。

冷却器一般都安装在回油路及低压管路上，如图 8-11 所示是冷却器常用的一种连接方式。安全阀 6 对冷却器起保护作用；当系统不需冷却时截止阀 4 打开，油液直通油箱。

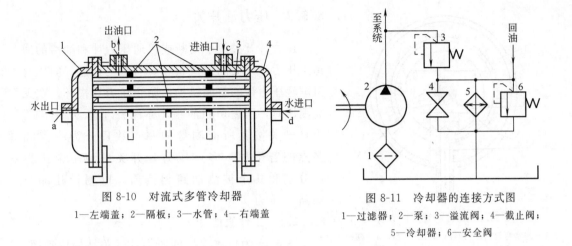

图 8-10　对流式多管冷却器

1—左端盖；2—隔板；3—水管；4—右端盖

图 8-11　冷却器的连接方式图

1—过滤器；2—泵；3—溢流阀；4—截止阀；
5—冷却器；6—安全阀

8.4.2　加热器

　　液压系统中油温过低时可使用加热器，一般常采用结构简单，能按需要自动调节最高最低温度的电加热器。电加热器的安装方式如图 8-12 所示。电加热器水平安装，发热部分应全部浸入油中，安装位置应使油箱内的油液有良好的自然对流，单个加热器的功率不能太大，以避免其周围油液过度受热而变质。冷却器和加热器的图形符号如图 8-13 所示。

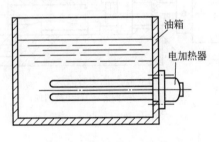

图 8-12　加热器安装示意

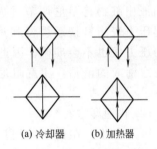

(a) 冷却器　　(b) 加热器

图 8-13　热交换器图形符号

8.5　压力计和压力计开关

8.5.1　压力计

　　压力计可观测液压系统中各工作点的压力，以便控制和调整系统压力。因此，压力参数的测量极为重要。压力计的品种规格甚多，液压中最常用的压力计是弹簧弯管式压力计（常称压力表），其结构原理如图 8-14 所示。弹簧弯管 1 是一根弯成 C 字形，横截面呈扁圆形的空心金属管，它的封闭端通过传动机构与指针 2 相连，另一端与进油管接头相连。测量压力时，压力油进入弹簧管的内腔，使管内产生弹性变形，导致它的封闭端向外扩张偏移，拉动杠杆 4，使扇形齿轮 5 摆动，与其啮合的小齿轮 6 便带动指针偏转。即可从刻度盘 3 上读出压力值。

　　压力计的精度等级以其误差占量程的百分数表示。选用压力计时，系统最高压力约为其量程的 3/4。

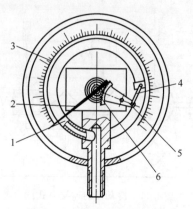

图 8-14　弹簧弯管式压力计
1—弹簧弯管；2—指针；3—刻度盘；4—杠杆；
5—扇形齿轮；6—小齿轮

8.5.2　压力计开关

压力计开关用于切断或接通压力计和油路的通道。压力计开关的通道很小，有阻尼作用。测压时可减轻压力计的急剧跳动，防止压力计损坏。在无需测压时，用它切断油路，亦保护了压力计。压力计开关按其所能测量的测点数目分为一点和多点的若干种。多点压力计开关可使一个压力计分别和几个被测油路相接通，以测量几部分油路的压力。

8.5.2.1　工作原理

图 8-15 为板式连接的压力计开关结构原理图。图示位置是非测量位置。此时压力计与油箱接通。若将手柄推进去，使阀芯的沟槽 s 将测量点与压力计接通，并将压力计连接油箱的通道隔断，便可测出一个点的压力。若将手柄转到另一位置，便可测出另一点的压力。

8.5.2.2　压力计开关故障

（1）测压不准确

压力表开关中一般都有阻尼孔，当油液中脏物将阻尼调节过大时，会引起压力表指针摆动缓慢和迟钝，测出的压力值也不会准确。因此使用时应注意油液的清洁，注意阻尼大小的调节。

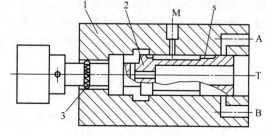

图 8-15　压力计开关
1—阀体；2—阀芯；3—定位钢球；
M—压力计接口；s—沟槽

（2）内泄漏增大

压力表开关在长期使用后，由于阀口磨损过大，无法严格关闭，内泄漏量增大，使压力表指针随进油腔压力变化而变化，KF 型压力表开关由于密封面磨损增大，间隙增大，内泄漏量增大，使各测量点的压力互相串通。此时应更换被磨损的零件，以保证压力表开关在正常状态下使用。

8.6　油管和管接头

8.6.1　油管

液压系统中使用的油管种类很多，有钢管、纯铜管、橡胶软管、尼龙管、塑料管等，需根据系统的工作压力及其安装位置正确选用。

（1）钢管

钢管分为焊接钢管和无缝钢管。压力小于 2.5MPa 时，可用焊接钢管；压力大于 2.5MPa 时，常用冷拔无缝钢管。要求防腐蚀、防锈的场合，可选用不锈钢管；超高压系统，可选用合金钢管。钢管能承受高压，刚性好，抗腐蚀，价格低廉。缺点是弯曲和装配均较困难，需要专门的工具或设备。因此，常用于中、高压系统或低压系统中装配部位限制少的场合。

（2）纯铜管

纯铜管可以承受的压力为 6.5~10MPa，它可以根据需要较容易地弯成任意形状，且不必用专门的工具，因而适用于小型中、低压设备的液压系统，特别是内部装配不方便处。其缺点是价格高，抗振能力较弱，且易使油液氧化。

（3）橡胶软管

橡胶软管用作两个相对运动部件的连接油管，分高压和低压两种。高压软管由耐油橡胶夹钢丝编织网制成。层数越多，承受的压力越高，其最高承受压力可达 42MPa。低压软管由耐油橡胶夹帆布制成，其承受压力一般在 1.5MPa 以下。橡胶软管安装方便，不怕振动，并能吸收部分液压冲击。

（4）尼龙管

尼龙管为乳白色半透明新型油管，其承压能力因材质而异，可为 2.5~8.0MPa。尼龙管有软管和硬管两种，其可塑性大。硬管加热后也可以随意弯曲成形和扩口，冷却后又能定形不变，使用方便，价格低廉。

（5）耐油塑料管

耐油塑料管价格便宜，装配方便。但承压低，使用压力不超过 0.5MPa，长期使用会老化，只用作回油管和泄油管。

与泵、阀等标准元件连接的油管，其管径一般由这些元件的接口尺寸决定。其他部位的油管（如与液压缸相连的油管等）的管径和壁厚，亦可按通过油管的最大流量、允许的流速及工作压力计算确定。

油管的安装应横平竖直，尽量减少转弯。管道应避免交叉，转弯处的半径应大于油管外径的 3~5 倍。为便于安装管接头及避免振动影响，平行管之间的距离应大于 100mm。长管道应选用标准管夹固定牢固，以防振动和碰撞。软管直线安装时要有 30% 左右的余量，以适应油温变化、受拉和振动的需要。弯曲半径要大于 9 倍软管外径，弯曲处到管接头的距离至少等于 6 倍外径。

8.6.2　管接头

管接头是油管与油管，油管与液压元件间的可拆卸连接件。它应满足连接牢固、密封可靠、液阻小、结构紧凑、拆装方便等要求。

管接头的种类很多，按接头的通路方向分，有直通、直角、三通、四通、铰接等形式；按其与油管的连接方式分，有管端扩口式、卡套式、焊接式、扣压式等。管接头与机体的连接常用圆锥螺纹和普通细牙螺纹。用圆锥螺纹连接时，应外加防漏填料；用普通细牙螺纹连接时，应采用组合密封垫，且应在被连接件上加工出一个小平面。

各种管接头已标准化，选用查有关手册。

思考题

1. 蓄能器的功能有哪些？安装和使用蓄能器应注意哪些问题？
2. 蓄能器的结构类型有哪些？它们在性能上有何特点？
3. 蓄能器常见故障有哪些？如何排除？
4. 油箱的功能有哪些？设计时应考虑哪些问题？
5. 对过滤器有哪些要求？过滤器性能指标有哪些？
6. 常见过滤器有哪些类型？各有何特点？

7. 过滤器在油路中的安装位置有几种情况？

8. 为什么要设置加热器和冷却器？液压系统的工作温度宜控制在什么范围？

9. 压力计开关的工作原理是什么？故障如何排除？

10. 简述油管的特点和使用场合。

11. 管接头的类型有哪些？

9 液压基本回路

基本液压回路按功能分为压力控制回路、速度控制回路、方向控制回路和多缸控制回路等。

9.1 压力控制回路

压力控制回路用来控制液压系统或系统中某一部分的压力，以满足执行机构对力或扭矩的要求。

9.1.1 调压回路

（1）限压回路

如图 9-1 所示为变量泵与溢流阀组成的限压回路。系统正常工作时，溢流阀关闭，系统压力由负载决定；当负载过重、油路堵塞或液压缸到达行程终点时，负载压力超过溢流阀的开启压力时，溢流阀打开，泵压力就不会无限升高，防止事故的发生。此处溢流阀起限压、安全作用。

（2）双向调压回路

执行元件正反行程需不同的供油压力时，可采用双向调压回路，如图 9-2 所示。当换向阀在左位工作时，活塞为工作行程，泵出口由溢流阀 1 调定为较高压力，缸右腔油液通过换向阀回油箱，溢流阀 2 此时不起作用。当换向阀如图示在右位工作时，缸做空行程返回，泵出口由溢流阀 2 调定为较低压力，阀 1 不起作用。

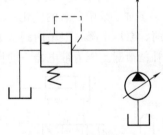

图 9-1 限压回路

（3）多级调压回路

如图 9-3 所示为三级调压回路。在图示状态下，系统压力由溢流阀 1 调节（为 10MPa）；当 1YA 通电时，系统压力由溢流阀 3 调节（为 5MPa）；2YA 通电时，系统压力由溢流阀 2 调节（为 7MPa）。这样可得到三级压力。三个溢流阀的规格都必须按泵的最大供油量来选择。这种调压回路能调出三级压力的条件是溢流阀 1 的调定压力必须大于另外两个溢流阀的调定值，否则溢流阀 2、3 将不起作用。

9.1.2 保压回路

液压缸在工作循环的某一阶段，若需要保持一定的工作压力，就应采用保压回路。在保压阶段，液压缸无运动，最简单的办法是用一个密封性能好的单向阀来保压。但单向阀保压时间短，稳定性差。此时液压泵常处于卸荷状态（为了节能）或给其他液压缸供应一定压力的工作油液，为补偿保压缸的泄漏和保持其工作压力，可在回路中设置蓄能器。

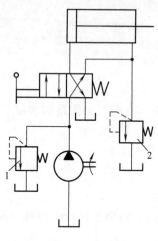

图 9-2　双向调压回路

1,2—溢流阀

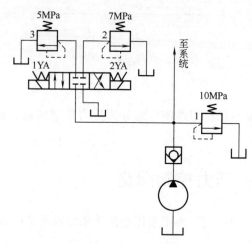

图 9-3　三级调压回路

1,2,3—溢流阀

（1）泵卸荷的保压回路

如图 9-4 所示的回路，当主换向阀在左位工作时，液压缸前进压紧工件，进油路压力升高，压力继电器发讯使二通阀通电，泵即卸荷，单向阀自动关闭，液压缸则由蓄能器保压。缸压不足时，压力继电器复位使泵重新工作。保压时间取决于蓄能器容量，调节压力继电器的通断调节区间即可调节缸压力的最大值和最小值。

（2）多缸系统—缸保压的回路

多缸系统中负载的变化不应影响保压缸内压力的稳定。如图 9-5 所示的回路中，进给缸快进时，泵压下降，但单向阀 3 关闭，把夹紧油路和进给油路隔开。蓄能器 4 用来给夹紧缸保压并补偿泄漏。压力继电器 5 的作用是在夹紧缸压力达到预定值时发出电信号，使进给缸动作。

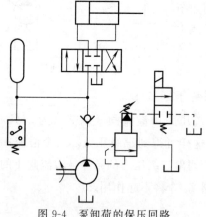

图 9-4　泵卸荷的保压回路

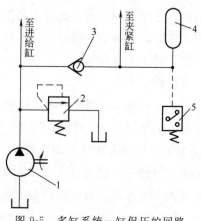

图 9-5　多缸系统—缸保压的回路

1—泵；2—溢流阀；3—单向阀；

4—蓄能器；5—压力继电器

9.1.3　减压回路

当多执行机构系统中某一支油路需要稳定或低于主油路的压力时，可在系统中设置减压回路。一般在所需的支路上串联减压阀即可得到减压回路。如图 9-6 所示，图（a）为由单向减压阀组成的单级减压回路，换向阀 1 左位工作时，液压泵同时向液压缸 3、4 供压力油，进入缸 4 的油压由溢流阀调定，进入缸 3 的油压由单向减压阀 2 调定，缸 3 所需的工作压力必须低于缸 4 所需的工作压力。图（b）为二级减压回路，主油路压力由溢流阀 5 调定，压力为 p_1；减压油路压力为 p_2（$p_2 < p_1$）。换向阀 8 为图示位置时，p_2 由减压阀 6 调定；当换向阀在下位工作时，p_2 由阀 7 调定。阀 7 的调定压力必须小于阀 6 的调定压力。一般减压阀的调定压力至少比主系统压力低 0.5MPa，减压阀才能稳定工作。

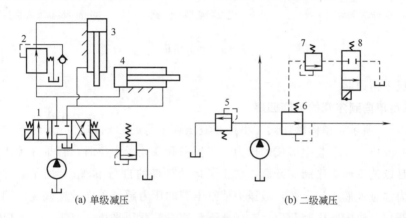

（a）单级减压　　　　　　　　　　（b）二级减压

图 9-6　减压回路

1—换向阀；2—单向减压阀；3,4—液压缸；5,7—溢流阀；6—减压阀；8—二位二通换向阀

9.1.4　卸荷回路

当液压系统的执行机构短时间停止工作或者停止运动时，为了减少能量损失，应使泵在空载（或输出功率很小）的工况下运行。这种工况称为卸荷，这样既能节省功率损耗，又可延长泵和电机的使用寿命。

如图 9-7 所示为几种卸荷回路。图（a）采用具有 H 型（或 M 型、K 型）滑阀中位机能的换向阀构成卸荷回路。其结构简单，但不适用于一泵驱动两个或两个以上执行元件的系统。图（b）是由二位二通电磁换向阀组成的卸荷回路，该换向阀的流量应和泵的流量相适应，宜用于中小流量系统中。图（c）是将二位二通换向阀安装在溢流阀的远控油口处。卸荷时，二位二通阀通电，泵的大部分流量经溢流阀流回油箱，此处的二位二通阀为小流量的换向阀。

由于卸荷时溢流阀全开，当停止卸荷时，系统不会产生压力冲击，适用于高压大流量场合。

9.1.5　平衡回路

为了防止立式液压缸及其随行工作部件在悬空停止期间因自重而自行下滑，或在下行运动中由于自重造成失控超速不稳定运动，可在液压缸下行的回路上设置能产生一定背压的液

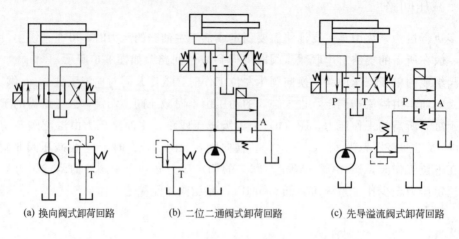

(a) 换向阀式卸荷回路　　　　(b) 二位二通阀式卸荷回路　　　　(c) 先导溢流阀式卸荷回路

图 9-7　卸荷回路

压元件，构成平衡回路。

9.1.5.1　采用单向顺序阀的平衡回路

　　如图 9-8(a) 所示，单向顺序阀 4 串接在液压缸下行的回油路上，其调定压力略大于运动部件自重在液压缸 5 下腔中形成的压力。当换向阀 3 处于中位时，自重在液压缸 5 下腔形成的压力不足以使单向顺序阀 4 开启，防止了运动部件的自行下滑；当 1YA 通电换向阀处左位时，压力油进入液压缸上腔，液压力使缸下腔的压力超过单向顺序阀 4 的调定压力，单向顺序阀 4 开启。单向顺序阀开启后在活塞下腔建立的背压平衡了自重，活塞以液压泵 1 供油流量所提供的速度平稳下行，避免了超速。此种回路活塞下行运动平稳，但顺序阀调定后，所建立的背压即为定值。若下行过程中，超越负载变小时，将产生过平衡而增加泵的供油压力，故只适用于超越负载不变的场合。

　　这种平衡回路，由于单向顺序阀 4 的泄漏，当液压缸停留在某一位置后，活塞还会缓慢下降。因此，若在单向顺序阀 4 和液压缸 5 之间增加一液控单向阀 6 [见图 9-8(b)]，由于液控单向阀 6 密封性很好，就可以防止活塞因单向顺序阀泄漏而下降。

9.1.5.2　采用液控顺序阀的平衡回路

　　如图 9-9(a) 所示是采用液控顺序阀的起重机平衡回路。此种平衡回路适于应用在超越负载有变化的情形。

　　当换向阀切换至右位时，液压泵所提供的压力油通过单向阀进入液压缸下腔，举起重物。当换向阀切换至左位时，压力油进入液压缸上腔，只有在此压力升高到液控顺序阀的调定压力时，通过控制油路使液控顺序阀打开，活塞下行放下重物。将换向阀切换至中位，液压缸上腔迅速卸压，液控顺序阀关闭，活塞停止运动。这一回路的特点是液控顺序阀的启闭取决于控制口的油压，与负载大小无关。但此平衡回路是不完善的。当压力油使液控顺序阀打开，活塞开始向下运动时，液压缸上腔的压力将迅速降低，这可能导致液控顺序阀关闭，活塞停止运动，紧接着压力升高，液控顺序阀又被打开，活塞又开始运动，所以活塞断续下降，产生所谓"点头"现象。为克服这一缺陷，可在控制油路上加一节流阀，如图 9-9(b) 所示，使液控顺序阀的启闭减慢。

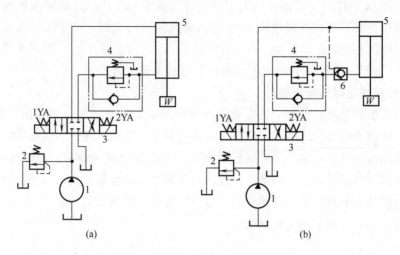

图 9-8 采用单向顺序阀的平衡回路

1—液压泵；2—溢流阀；3—换向阀；4—单向顺序阀；5—液压缸；6—液控单向阀

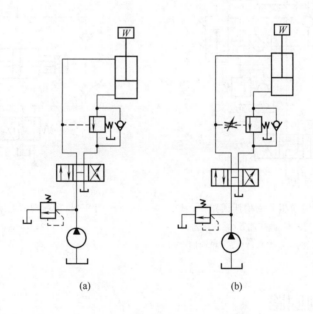

图 9-9 采用液控顺序阀的平衡回路

9.1.6 增压回路

增压回路可以提高系统中某一支路的工作压力，以满足局部工作机构的需要。采用了增压回路，系统的整体工作压力仍然较低，这样就可以节省能源消耗。

9.1.6.1 单作用增压器的增压回路

增压器实际上是由活塞缸和柱塞缸（或小活塞缸）组成的复合缸（见图 9-10 中件 4），它利用活塞和柱塞（或小活塞）有效面积的不同使液压系统的局部获得高压。在不考虑摩擦损失与泄漏的情况下，单作用增压器的增压倍数（增比）等于增压器大小两腔有效面积之比。在图 9-10 所示回路中，当阀 1 在左位工作时，压力油经阀 1、6 进入工作缸 7 的上腔，下腔经单向顺序阀 8 和阀 1 回油，活塞下行。当负载增加使油压升高到顺序阀 2 的调定值时，阀 2 的阀口打开，压力油即经阀 2、3 进入增压器 4 的左腔，推动增压活塞右行，增压器右腔便输出高压油进入工作缸 7。调节顺序阀 2，可以调节工作缸上腔在非增压状态下的最大工作压力。调节减压阀 3，可以调节增压器的最大输出压力。

9.1.6.2　双作用增压器的增压回路

单作用增压器只能断续供油，若需获得连续输出的高压油，可采用如图 9-11 所示的双作用增压器连续供油的增压回路。图示位置，液压泵压力油进入增压器左端大、小油腔，右端大油腔的回油通油箱，右端小油腔增压后的高压油经单向阀 4 输出，此时单向阀 1、3 被封闭。当活塞移到右端时，二位四通换向阀的电磁铁通电，油路换向后，活塞反向左移。同理，左端小油腔输出的高压油通过单向阀 3 输出。这样，增压器的活塞不断往复运动，两端便交替输出高压油，从而实现了连续增压。

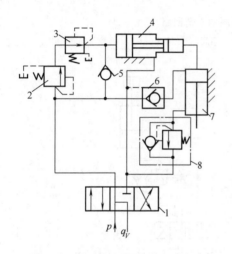

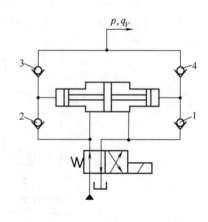

图 9-10　单作用增压器的增压回路
1—换向阀；2—顺序阀；3—减压阀；4—增压器；
5—单向阀；6—液控单向阀；7—工作缸；8—单向顺序阀

图 9-11　双作用增压器的增压回路
1,2,3,4—单向阀

9.2　速度控制回路

执行元件的速度应在一定范围内调节。

液压缸的速度为 $v=q_V/A$（q_V 为流量，A 为液压缸的工作面积），液压马达的转速为 $n_m=q_V/V_m$（V_m 为液压马达的排量），那么改变运动速度（转速）可通过改变 q_V 或 A（V_m）来实现，而工作中面积 A 改变较难，故合理的调速途径是改变流量 q_V（流量阀或变量泵）和使用排量 V_m 可变的变量马达。根据上述分析，调速回路有以下三种形式。

① 节流调速——采用定量泵供油，依靠流量控制阀调节流入或流出执行元件的流量实现变速。

② 容积调速——依靠改变变量泵或改变变量液压马达的排量来实现变速。

③ 容积节流调速（联合调速）——依靠变量泵和流量控制阀的联合调速。其特点是由流

量控制阀改变输入或流出执行元件的流量来调节速度，同时又通过变量泵的自身调节过程使其输出的流量和流量阀所控制的流量相适应。

9.2.1　节流调速回路

在采用定量泵的液压系统中，利用节流阀或调速阀改变进入或流出液动机的流量来实现速度调节的方法称为节流调速。采用节流调速，方法简单，工作可靠，成本低，但它的效率不高，容易产生温升。

（1）进口节流调速回路

进口节流调速回路如图 9-12 所示，节流阀设置在液压泵和换向阀之间的压力管路上，无论换向阀如何换向，压力油总是通过节流之后才进入液压缸的。通过调整节流口的大小，控制压力油进入液压缸的流量，从而改变它的运动速度。

（2）出口节流调速回路

出口节流调速回路如图 9-13 所示，节流阀设置在换向阀与油箱之间，无论怎样换向，回油总是经过节流阀流回油箱。通过调整节流的大小，控制液压缸回油的流量，从而改变它的运动速度。

（3）旁路节流调速回路

旁路节流调速回路如图 9-14 所示，节流阀设置在液压泵与油箱之间，液压泵输出的压力油的一部分经换向阀进入液压缸，另一部分经节流阀流回油箱，通过调整旁路节流阀开口的大小来控制进入液压缸压力油的流量，从而改变它的运动速度。

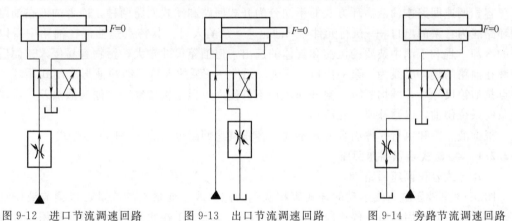

图 9-12　进口节流调速回路　　　　图 9-13　出口节流调速回路　　　　图 9-14　旁路节流调速回路

（4）进出口同时节流调速回路

图 9-15 是进出口同时节流调速回路，它在换向阀前的压力管路和换向阀后的回油管路各设置一个节流阀同时进行节流调速。

（5）双向节流调速回路

在单活塞杆液压缸的液压系统中，有时要求往复运动的速度都能独立调节，以满足工作的需要，此时可采用两个单向节流阀，分别设在液压缸的进出油管路上。

如图 9-16 所示为双向进口节流调速回路。当换向阀 1 处于图示位置时，压力油经换向阀 1、节流阀 2 进入液压缸左腔，液压缸向右运动，右腔油液经单向阀 5，换向阀 1 流回油箱。换向阀切换到右端位置时，压力油经换向阀 1、节流阀 4 进入液压缸右腔，液压缸向左

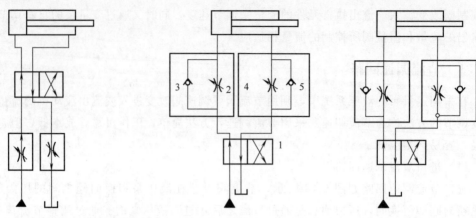

图 9-15　进出口同时节流调速回路　　图 9-16　双向进口节流调速回路　　图 9-17　双向出口节流调速回路

运动，左腔油液经单向阀 3、换向阀 1 流回油箱。

图 9-17 所示为双向出口节流调速回路，它的工作原理与双向进口节流调速回路基本相同，只是两个单向阀的方向恰好相反。

9.2.2　容积调速回路

容积调速回路可通过改变变量泵或（和）变量液压马达的排量来对液压马达（或液压缸）进行无级调速。这种调速回路无溢流损失和节流损失，所以效率高，发热少，适用于高压、大流量的大型机床、工程机械和矿山机械等大功率设备的液压系统。

容积调速回路按油液循环方式的不同分为开式回路和闭式回路两种。前者油液在油路的循环路线为：泵的出口──→执行元件──→油箱──→泵的入口。其特点是油液在油箱中得以较好的冷却，且利于油中杂质的沉淀和气体的逸出，但油箱尺寸较大，污物容易侵入。而后者油液在油路的循环路线为：泵的出口──→执行元件──→泵的入口，即油液形成闭式循环。其特点是油箱尺寸小，结构紧凑，空气和污物不易侵入，但结构较复杂，油液散热差，需要辅助泵向系统供油，以弥补泄漏和冷却。

根据液压泵和执行元件组合方式不同，容积调速回路分泵-缸式和泵-马达式。

9.2.2.1　泵-缸式容积调速回路

（1）开式容积调速回路

图 9-18 是液压缸直线运动的开式容积调速回路。改变变量泵的流量可以调节液压缸的运动速度，单向阀用以防止停机时系统油液流空，溢流阀 1 在此回路做安全阀使用，溢流阀 2 做背压阀使用。

（2）闭式容积调速回路

图 9-19 是采用双向变量泵的闭式容积调速回路，改变变量泵的输油方向可以改变液压缸的运动方向，改变输油流量可以控制液压缸的运动速度。图中两个溢流阀 1、2 做安全阀使用，单向阀 3、4 在液压缸换向时可以吸油以防止系统吸入空气，手动滑阀 5 的启闭可以控制液压缸的开停。

9.2.2.2　泵-马达式容积调速回路

泵-马达式容积调速回路有变量泵-定量马达式、定量泵-变量马达式和变量泵-变量马达式三种形式。

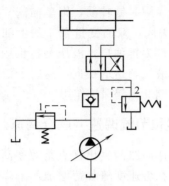

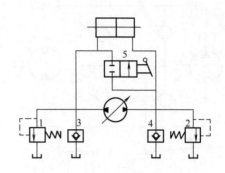

图 9-18　容积调速回路（开式）

1,2—溢流阀

图 9-19　容积调速回路（闭式）

1,2—安全阀；3,4—单向阀；5—滑阀

（1）变量泵-定量马达式容积调速回路

调速回路如图 9-20 所示，此回路为闭式回路。图中 5 为安全阀，1 为补充泄漏用的辅助泵（其流量为变量泵最大输出流量的 10％～15％），其输出低压由溢流阀 2 调定。变量泵 4 输出的流量全部进入定量马达 6。

（2）定量泵-变量马达式容积调速回路

调速回路如图 9-21 所示，此回路为闭式回路。图中 5 为安全阀，1 为补油用的辅助泵，2 为辅助泵定压溢流阀。溢流阀 2 的压力调的较低，使主泵（定量泵）4 的吸油腔有一定的压力。采用辅助泵补油可改善主泵的吸油条件。

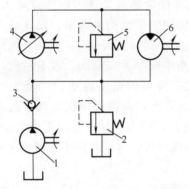

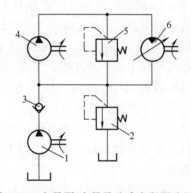

图 9-20　变量泵-定量马达式容积调速回路

1—辅助泵；2—溢流阀；3—单向阀；

4—变量泵；5—安全阀；6—定量马达

图 9-21　定量泵-变量马达式容积调速回路

1—辅助泵；2—溢流阀；3—单向阀；

4—主泵（定量泵）；5—安全阀；6—变量马达

（3）变量泵-变量马达式容积调速回路

如图 9-22 所示。其中 1 为辅助泵，2 为给泵 1 定压的溢流阀，在回路中设置了 4 个单向阀，图中单向阀 3 和 5 用于实现双向补油，而单向阀 6 和 8 使安全阀 9 能在两个方向起安全作用。双向变量泵 4 既可以改变流量，又可以改变供油方向，用以实现液压马达 7 的调速和换向。

若双向变量泵 4 逆时针转动时，液压马达的回油及辅助泵 1 的供油经单向阀 3 进入双向变量泵 4 的下油口，则其上油口排出的压力油进入液压马达 7 的上油口并使液压马达 7 逆时针方向转动，液压马达 7 下油口的回油又进入双向变量泵 4 的下油口，构成闭式循环回路。这时单向阀 5 和 8 关闭，3 和 6 打开。如果液压马达 7 过载，可由安全阀 9 起保护作用。若

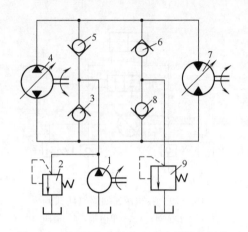

图 9-22　变量泵-变量马达式容积调速回路

1—辅助泵；2—溢流阀；3,5,6,8—单向阀；

4—双向变量泵；7—液压马达；9—安全阀

双向变量泵 4 顺时针转动，则单向阀 5 和 8 打开，3 和 6 关闭。双向变量泵 4 的上油口为进油口，下油口为排油口，液压马达也顺时针转动，实现了液压马达的换向。这时若液压马达过载，安全阀 9 仍起保护作用。

9.2.3　容积节流调速（联合调速）回路

容积调速回路的突出优点是效率高、发热小，但也存在着速度随载荷增加而下降的特性（由泵和马达的泄漏引起），在低速时更为突出。与采用调速阀的节流调速回路相比，容积调速回路的低速稳定性较差。如果对系统既要求效率高，又要求有较好的低速稳定性，则容积节流调速回路是可取的方案。容积节流调速回路是用变量液压泵供油，用调速阀或节流阀改变进入液压缸的流量，以实现工作速度的调节，并且液压泵的供油量与液压缸所需的流量相适应。这种调速回路没有溢流损失，效率较高，速度稳定性也比容积调速回路好，常用于速度范围大、功率不太大的场合。下面介绍两种容积节流调速回路。

（1）限压式变量泵和调速阀组成的容积节流调速回路

如图 9-23 所示回路由限压式变量泵 1 供油，压力油经调速阀 2 进入液压缸 3 无杆腔，回油经背压阀 4 返回油箱。液压缸的运动速度由调速阀中的节流阀来调节。设泵的流量为 q_{Vp}，则稳定工作时 $q_{Vp}=q_{V1}$。如果关小节流阀，则在关小阀口的瞬间 q_{V1} 减小，而此时液压泵的输出量还未来得及改变，于是 $q_{Vp}>q_{V1}$，因回路中阀 5 为安全阀，没有溢流，故必然导致泵出口压力 p_p 升高，该压力反馈使得限压式变量泵的输出流量自动减少，直至 $q_{Vp}=q_{V1}$（节流阀开口减小后的 q_{V1}）；反之亦然。由此可见，调速阀不仅能调节进入液压缸的流量，而且可以作为反馈元件，将通过阀的流量转换成压力信号反馈到泵的变量机构，使泵的输出流量自动地和阀的开口大小相适应，没有溢流损失。这种回路中的调速阀也可装在回油路上。

（2）差压式变量泵和节流阀组成的容积节流调速回路

图 9-24 所示为差压式变量泵和节流阀组成的容积节流调速回路，通过节流阀 2 控制进入液压缸 3 的流量 q_{V1}，并使变量泵 1 输出流量 q_{Vp} 自动和 q_{V1} 相适应。节流阀前后压差 $\Delta p=p_p-p_1$ 基本上由作用在泵变量机构控制柱塞上的弹簧力来确定。由于弹簧刚度很小，工作中伸缩量的变化也很小，所以基本恒定，即 Δp 也近似为常数，所以通过节流阀的流量仅与阀的开口大小有关，不会随负载而变化，这与调速阀的工作原理是相似的。因此，这种调速回路的性能和前述回路不相上下，它的调速范围仅受节流阀调节范围的限制。此外，该回路因能补偿由负载变化引起的泵的泄漏变化，因此在低速小流量的场合使用性能更好。

9.2.4　增速回路

（1）液压缸差动连接的快速运动回路

图 9-25 为采用单杆活塞缸差动连接实现快速运动的回路。当图中只有电磁铁 1YA 通电

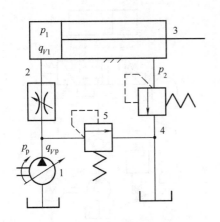

图 9-23 限压式变量泵和调速阀
组成的容积节流调速回路
1—限压式变量泵；2—调速阀；
3—液压缸；4—背压阀；5—安全阀

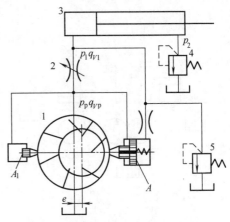

图 9-24 差压式变量泵和节流阀
组成的容积节流调速回路
1—差压式变量泵；2—节流阀；
3—液压缸；4,5—溢流阀

时，换向阀 3 左位工作，压力油可进入液压缸的左腔，亦经阀 4 的左位与液压缸右腔连通，因活塞左端受力面积大，故活塞差动快速右移。这时如果 3YA 电磁铁也通电，阀 4 换为右位，则压力油只能进入缸左腔，缸右腔则经调速阀 5 回油实现活塞慢速运动。当 2YA、3YA 同时通电时，压力油经阀 3、阀 6、阀 4 进入缸右腔，缸左腔回油，活塞快速退回。

这种快速回路简单、经济，但快、慢速的转换不够平稳。

（2）双泵供油的快速运动回路

如图 9-26 所示为双泵供油的快速运动回路。双联泵 1 为高压小流量泵，其流量应略大于最大工进速度所需的流量，其流量与泵 1 流量之和应等于液压系统快速运动所需要的流量，其工作压力由溢流阀 5 调定。泵 2 为低压大流量泵（两泵的流量也可相等），其工作压力应低于液控顺序阀 3 的调定压力。

空载时，液压系统的压力低于液控顺序阀 3 的调定压力，阀 3 关闭，泵 2 输出的油液经单向阀 4 与泵 1

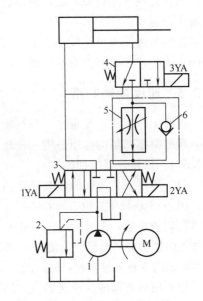

图 9-25 液压缸差动连接
的快速运动回路
1—泵；2—溢流阀；3,4—电磁换
向阀；5—调速阀；6—单向阀

输出的油液汇集在一起进入液压缸，从而实现快速运动。当系统工作进给承受负载时，系统压力升高至大于阀 3 的调定压力，阀 3 打开，单向阀 4 关闭，泵 2 的油经阀 3 流回油箱，泵 2 处于卸荷状态。此时系统仅由小泵 1 供油，实现慢速工作进给，其工作压力由阀 5 调节。

这种快速回路功率利用合理，效率较高，缺点是回路较复杂，成本较高。

（3）采用蓄能器的快速运动回路

图 9-27 为采用蓄能器 4 与液压泵 1 协同工作实现快速运动的回路。它适用于在短时间内需要大流量的液压系统中。当换向阀 5 中位，液压缸不工作时，液压泵 1 经单向阀 2 向蓄能器 4 充油。当蓄能器内的油压达到液控顺序阀 3 的调定压力时，阀 3 被打开，使液压泵卸

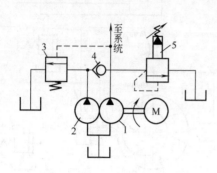

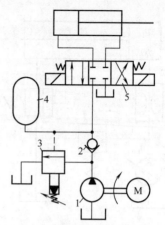

图 9-26　双泵供油的快速运动回路　　　　图 9-27　采用蓄能器的快速运动回路
1,2—双联泵；3—卸荷阀（液控　　　　　　　1—泵；2—单向阀；3—液控顺
顺序阀）；4—单向阀；5—溢流阀　　　　　　序阀；4—蓄能器；5—换向阀

荷。当换向阀 5 左位或右位，液压缸工作时，液压泵 1 和蓄能器 4 同时向液压缸供油，使其实现快速运动。

这种快速回路可用较小流量的泵获得较高的运动速度。其缺点是蓄能器充油时，液压缸需停止工作，在时间上有些浪费。

9.2.5　速度换接回路

有些工作机构，要求在工作行程的不同阶段有不同的运动速度，这时可采用速度换接回路。速度换接回路的作用是将一种运动速度转换成另一种运动速度。

9.2.5.1　快慢速换接回路

（1）用电磁换向阀的快慢速转换回路

图 9-28 是利用二位二通电磁阀与调速阀并联实现快速转慢速的回路。当图中电磁铁 1YA、3YA 同时通电时，压力油经阀 4 进入液压缸左腔，缸右腔回油，工作部件实现快进；当运动部件上的挡块碰到行程开关使 3YA 电磁铁断电时，阀 4 油路断开，调速阀 5 接入油路。压力油经调速阀 5 进入缸左腔，缸右腔回油，工作部件以阀 5 调节的速度实现工作进给。

（2）用行程阀的快慢速转换回路

图 9-29 是用单向行程调速阀进行快慢速转换的回路。当电磁铁 1YA 通电时，压力油进入液压缸左腔，缸右腔油经行程调速阀 5 回油，工作部件实现快速运动。当工作部件上的挡块压下行程阀时，其回油路被切断，缸右腔油只能经调速阀 6 流回油箱，从而转变为慢速运动。

9.2.5.2　两种慢速的转换回路

（1）调速阀串联的慢速转换回路

图 9-30 是由调速阀 3 和阀 4 串联组成的慢速转换回路。当 1YA 电磁铁通电时，压力油经调速阀 3 和二位电磁阀左位进入液压缸左腔，缸右腔回油，运动部件得到由阀 3 调节的第一种慢速运动。当 1YA、3YA 电磁铁同时通电时，压力油须经调速阀 3 和调速阀 4 进入缸的左腔，缸右腔回油。由于调速阀 4 的开口比调速阀 3 的开口小，因而运动部件得到由阀 4 调节的第二种更慢的运动速度，实现了两种慢速的转换。

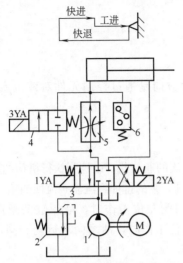

图 9-28 用电磁换向阀的快慢速转换回路

1—泵；2—溢流阀；3,4—换向阀；

5—调速阀；6—压力继电器

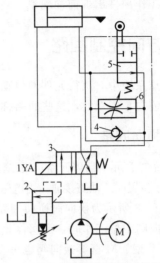

图 9-29 用行程阀的快慢速转换回路

1—泵；2—溢流阀；3—换向阀；

4,5,6—单向行程调速阀

在这种回路中，调速阀 4 的开口必须比调速阀 3 的开口小，否则调速阀 4 将不起作用。该种回路常用于组合机床中实现二次进给的油路中。

（2）调速阀并联的慢速转换回路

图 9-31 为由调速阀 4 和 5 并联的慢速转换回路。当 1YA 电磁铁通电时，压力油经调速阀 4 进入液压缸左腔，缸右腔回油，工作部件得到由阀 4 调节的第一种慢速，这时阀 5 不起作用；当 1YA、3YA 电磁铁同时通电时，压力油经调速阀 5 进入液压缸左腔，缸右腔回油，工作部件得到由阀 5 调节的第二种慢速运动，这时阀 4 不起作用。

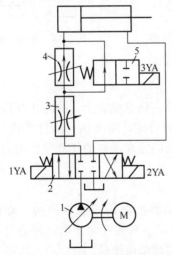

图 9-30 调速阀串联的慢速转换回路

1—泵；2—换向阀；3,4—调速阀；5—换向阀

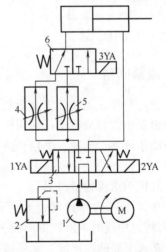

图 9-31 调速阀并联的慢速转换回路

1—泵；2—溢流阀；3,6—换向阀；4,5—调速阀

这种回路当一个调速阀工作时，另一个调速阀油路被封死，其减压阀口全开。当电磁换向阀换位其出油口与油路接通的瞬时，压力突然减小，减压阀口来不及关小，瞬时流量增

加，会使工作部件出现前冲现象。

9.3 方向控制回路

在液压系统中，执行元件的启动、停止、改变运动方向是通过控制元件对液流实行通、断、改变流向来实现的，这些回路称为方向控制回路。

9.3.1 换向回路

如图 9-32 所示为启停回路，用二位二通换向阀控制液流的通与断，以控制执行机构的运动与停止。图示位置时，油路接通；当电磁铁通电时，油路断开，泵的排油经溢流阀流回油箱。

如图 9-33 所示为换向阀换向回路。当三位四通换向阀左位工作时，液压缸活塞向右运动；当换向阀中位工作时，活塞停止运动；当换向阀右位工作时，活塞向左运动。同样，采用 O 型、Y 型、M 型等换向阀也可实现油路的通与断。

如图 9-34 所示为差动缸回路。当二位三通换向阀左位工作时，液压缸活塞快速向左移动，构成差动回路；当换向阀右位工作时，活塞向右移动。

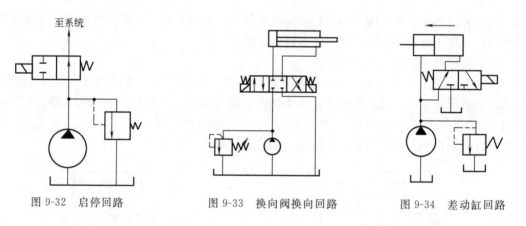

图 9-32　启停回路　　　　图 9-33　换向阀换向回路　　　　图 9-34　差动缸回路

9.3.2 锁紧回路

为了使油泵停止运转处于卸荷状态时，油缸活塞能停在任意位置上，并防止其停止后因外界影响而发生漂移或窜动，采用锁紧回路。锁紧回路的功能是切断执行元件的进出油路，要求切断动作可靠、迅速、平稳、持久。通常把能将活塞固定在油缸的任意位置的液压装置称液压锁。

（1）液控单向阀锁紧回路

如图 9-35 所示为单向阀锁紧回路。在液压缸两侧油路上串接液控单向阀（亦称液压锁），换向阀处中位时，液控单向阀关闭液压缸两侧油路，活塞被双向锁紧，左右都不能窜动。对于立式安装的液压缸，也可以用一个液控单向阀实现单向锁紧。

用液控单向阀的锁紧回路中，换向阀中位应采用 Y 型或 H 型滑阀机能，这样换向阀处于中位时，液控单向阀的控制油路可立即失压，保证单向阀迅速关闭，锁紧油路。

（2）换向阀锁紧回路

如图 9-36 所示为换向阀的锁紧回路。它利用三位四通换向阀的中位机能（O 型或 M

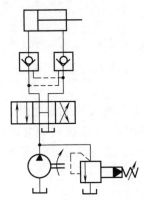

图 9-35 液控单向阀锁紧回路

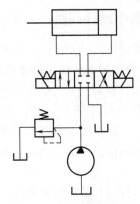

图 9-36 换向阀锁紧回路

型）可以使活塞在行程范围内的任意位置上停止运动并锁紧。但由于滑阀式换向阀的泄漏，这种锁紧回路能保持执行元件锁紧的时间不长，锁紧效果差。

9.3.3 浮动回路

浮动回路与锁紧回路相反，它是将执行元件的进、回油路连通或同时接回油箱，使之处于无约束的浮动状态，在外力的作用下执行元件仍可运动。

利用三位四通换向阀的中位机能（Y 型或 H 型）就可实现执行元件（单活塞杆缸）的浮动，如图 9-37（a）所示。液压马达（或双活塞杆缸）也可用二位二通换向阀将进、回油路直接连通实现浮动，如图 9-37（b）所示。

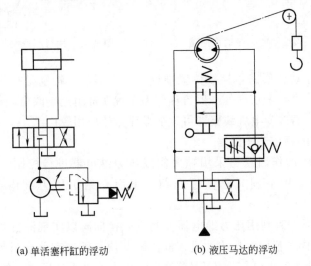

(a) 单活塞杆缸的浮动　　(b) 液压马达的浮动

图 9-37 浮动回路

9.4 多缸控制回路

多缸控制回路就是用一个压力油源来控制几个油缸或顺序动作或同步动作或防止互相干涉。

9.4.1 顺序动作回路

按照控制方式的不同,有行程控制和压力控制两大类。

9.4.1.1 行程控制的顺序动作回路

(1) 用行程阀控制的顺序动作回路

在如图 9-38 所示状态下,A、B 二缸的活塞皆在左位。使阀 C 右位工作,缸 A 右行,实现动作①。挡块压下行程阀 D 后,缸 B 右行,实现动作②。手动换向阀复位后,缸 A 先复位,实现动作③。随着挡块后移,阀 D 复位,缸 B 退回,实现动作④。至此,顺序动作全部完成。

(2) 用行程开关控制的顺序动作回路

在如图 9-39 所示的回路中,1YA 通电,缸 A 右行完成动作①后,触动行程开关 1ST 使 2YA 通电,缸 B 右行,在实现动作②后,又触动 2ST 使 1YA 断电,缸 A 返回,在实现动作③后,又触动 3ST 使 2YA 断电,缸 B 返回,实现动作④,最后触动 4ST 使泵卸荷或引起其他动作,完成一个工作循环。

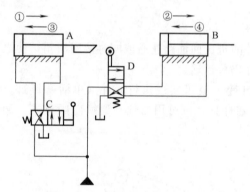

图 9-38 用行程阀控制的顺序动作回路

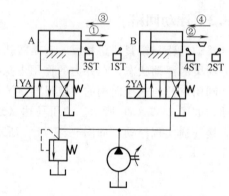

图 9-39 用行程开关控制的顺序动作回路

行程控制的顺序动作回路,换接位置准确,动作可靠,特别是行程阀控制回路换接平稳,常用于对位置精度要求较高处。但行程阀需布置在缸附近,改变动作顺序较困难。而行程开关控制的回路只需改变电气线路即可改变顺序,故应用较广泛。

9.4.1.2 压力控制的顺序动作回路

压力控制的顺序动作回路常采用顺序阀或压力继电器进行控制。用顺序阀控制的回路在第 7 章顺序阀应用举例时已做过介绍。下面介绍用压力继电器控制的顺序动作回路。

如图 9-40 所示是一种利用压力继电器控制电磁换向阀以实现油缸顺序动作的回路。首先 1YA 通电,换向阀 1 换向,压力油进入液压缸 5 使其活塞右移。当到达终点后,系统压力升高。压力继电器 3 发出电信号使 3YA 通电,压力油进入液压缸 6 的左腔使其活塞前进。前进到终点后,电路设计使 4YA 通电(3YA 断电)。换向阀 2 换向,压力油进入液压缸 6 右腔,使其活塞返回。当活塞返回至原位时,系统压力升高,压力继电器 4 发出信号,使 2YA 通电(1YA 断电),压力油进入液压缸 5 的右腔,使其活塞返回。为了防止压力继电器误动作,压力继电器的预调压力应比油缸的工作压力高 300~500kPa,但比溢流阀的调定压力低 300~500kPa。

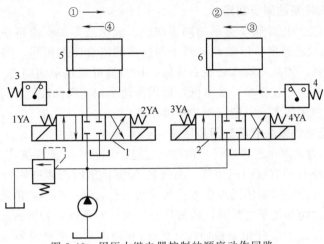

图 9-40 用压力继电器控制的顺序动作回路

1,2—换向阀；3,4—压力继电器；5,6—液压缸

9.4.2 同步回路

多个液压缸带动同一个工作结构时，它们的动作应该一致。但是有很多因素影响执行机构运动的一致。这些因素是负载、摩擦、泄露、制造精度和结构变形上的差异。同步回路的功能是尽管存在着这些差异而仍能使各缸的运动一致，也就是运动同步，即指各缸的运动速度和最终达到的位置相同。

9.4.2.1 用分流集流阀控制的同步回路

当两个油缸的负载发生偏差时，一般的流量阀不能随之自动做相应的变化，就会出现较大的同步误差，此时应用分流集流阀的同步回路就可解决这个问题。如图 9-41 所示为高炉液压炉顶采用的分流集流阀的同步回路。压力油经分流阀 4 流到液压缸 5 和 6，使这四个油缸同步上升。当把油液接到油箱时，油缸在自重的作用下，实现同步下降。

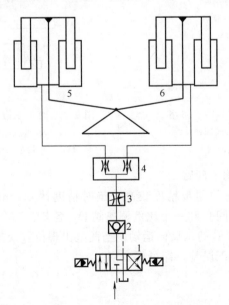

图 9-41 用分流阀（同步阀）控制的同步回路

1—换向阀；2—单向阀；3—节流阀；4—分流阀；5,6—液压缸

9.4.2.2   用流量阀控制的同步回路

如图 9-42 所示为采用并联调速阀的同步回路。液压缸 5 和 6 油路并联，分别用调速阀 1、3 调节其活塞的运动速度。仔细调节两个调速阀的流量使之相同，则两个工作面积相同的液压缸做同步运动。当换向阀 7 处在右位时，压力油可通过单向阀 2、4 使两缸的活塞快速返回。这种同步方法比较简单，成本低，但因为两个调速阀的性能不可能完全一致，同时还受到载荷变化和泄漏的影响，所以同步精度不高。

9.4.2.3   带补偿措施的串联液压缸同步回路

如图 9-43 所示为两液压缸串联同步回路。在这个回路中，液压缸 1 有杆腔 A 的有效面积与液压缸 2 无杆腔 B 的有效面积相等，因而从 A 腔排出的油液进入 B 腔后，两液压缸便同步下降。回路中有补偿措施使同步误差在每一次下行运动中都得到消除，以避免误差的积累。当三位四通换向阀 6 处于右位时，两液压缸活塞同时下行，若液压缸 1 的活塞先运动到底，它就触动行程开关 1ST 使电磁换向阀 5 的 3YA 通电，电磁换向阀 5 处在右位，压力油经电磁换向阀 5 和液控单向阀 3 向液压缸 2 的 B 腔补油，推动活塞继续运动到底，误差即被清除。若液压缸 2 先运动到底，则触动行程开关 2ST 使电磁换向阀 4 的 4YA 通电，电磁换向阀 4 处于上位，控制压力油使液控单向阀 3 反向通道打开，使液压缸 1 的 A 腔通过液控单向阀回油，其活塞即可继续运动到底。

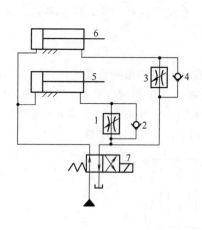

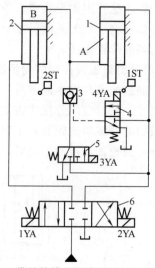

图 9-42　采用并联调速阀的同步回路

1,3—调速阀；2,4—单向阀；

5,6—液压缸；7—换向阀

图 9-43　带补偿措施的串联液压缸同步回路

1,2—液压缸；3—液控单向阀；

4,5—电磁换向阀；6—三位四通换向阀

9.4.2.4   用比例调速阀的同步回路

如图 9-44 所示回路，它的同步精度较高，绝对精度达 0.5mm，已达到一般设备的要求。回路使用一个普通调速阀 C 和一个比例调速阀 D，各装在一个由单向阀组成的桥式整流油路中，分别控制缸 A 和缸 B 的正反向运动。当两缸出现位置误差时，检测装置发出信号，调整比例调速阀的开口，修正误差，即可保证同步。

9.4.3　互不干涉回路

在一泵多缸的液压系统中，往往会出现由于一个液压缸转为快速运动的瞬间，吸入大量油液，造成整个系统的压力下降，影响了其他液压缸工作的平稳性。因此，在速度平稳性要

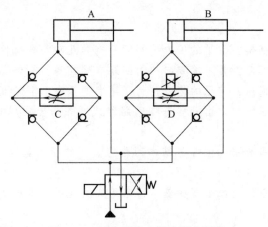

图 9-44　用比例调速阀的同步回路

求较高的多缸液压系统中，常采用互不干扰回路。

　　如图 9-45 所示为双泵供油多缸工作互不干扰回路，各缸快速进退皆由大泵 2 供油，任一缸进入工进，则改由小泵 1 供油，彼此无牵连，也就无干扰。图示状态各缸原位停止。当电磁铁 3YA、4YA 通电时，换向阀 7、8 的左位工作，两缸都由大泵 2 供油做差动快进，小泵 1 供油在换向阀 5、6 处被堵截。设缸 A 先完成快进，由行程开关使电磁铁 1YA 通电，3YA 断电，此时大泵 2 对缸 A 的进油路被切断，而小泵 1 的进油路打开，缸 A 由调速阀 3 调速作工进，缸 B 仍作快进，互不影响。当各缸都转为工进后，它们全由小泵供油。此后，若缸 A 又率先完成工进，行程开关应使换向阀 5 和 7 的电磁铁都通电，缸 A 即由大泵 2 供油快返。当各电磁铁皆断电时，各缸皆停止运动，并被锁于所在位置上。

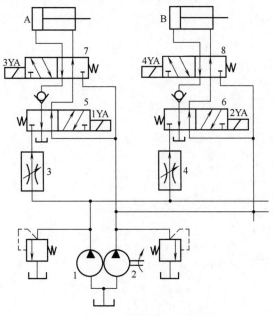

图 9-45　多缸工作互不干扰回路

1—小泵；2—大泵；3,4—调速阀；5,6,7,8—换向阀

思考题

1. 什么是压力控制回路? 常见的压力控制回路有哪几种? 各有什么特点?

2. 什么是方向控制回路? 常见的方向控制回路有哪几种? 各有什么特点?

3. 什么是速度控制回路? 常见的速度控制回路有哪几种? 各有什么特点?

4. 说明图 1 的液压系统中, 由哪些基本回路组成? 并指出实现各种回路功能的液压元件名称。

5. 说明图 2 的液压系统中, 由哪些基本回路组成? 并指出实现各回路功能的液压元件的名称。

6. 指出图 3 的液压系统中, 由哪些基本回路组成? 说明液压缸往返行程中的油路走向。

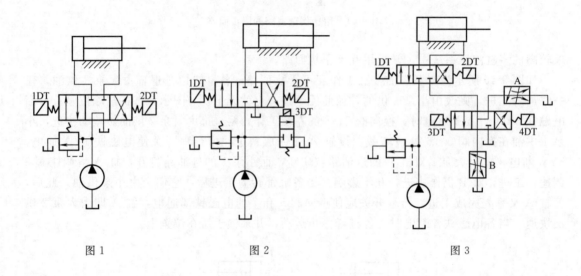

图 1　　　　　　　　图 2　　　　　　　　图 3

10 液压传动系统

液压传动系统是根据液压设备要完成的工作循环和工作要求，选用一些不同功能的液压基本回路加以适当组合而构成的。在液压系统原理图中，各元件及它们之间的连接与控制方式均用国标规定的图形符号绘出。

分析液压系统，主要是读液压系统图，其方法和步骤如下。

① 了解液压系统的任务、工作循环、应具备的性能和需要满足的要求。

② 查阅系统图中所有的液压元件及其连接关系，分析它们的作用及其所组成的回路功能。

③ 分析油路，了解系统的工作原理及特点。

10.1 Q2-8 型液压起重机液压系统

如图 10-1 所示是 Q2-8 型汽车起重机外形。它由汽车 1、转台 2、支腿 3、吊臂变幅液压缸 4、基本臂 5、吊臂伸缩液压缸 6 和起升机构 7 等组成。其主要部分的作用如下。

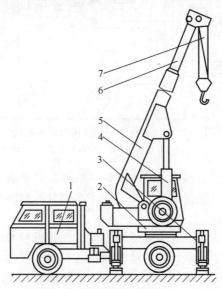

图 10-1 Q2-8 型汽车起重机外形

1—汽车；2—转台；3—支腿；4—吊臂变幅液压缸；
5—基本臂；6—吊臂伸缩液压缸；7—起升机构

① 转台：使吊臂回转。

② 支腿：起重作业时使轮胎脱离地面，并可调整车的水平。

③ 吊臂伸缩机构：改变吊臂长度。

④ 吊臂变幅机构：改变吊臂倾角。

⑤ 起升机构：使重物升降。

这台汽车起重机最大起重量为 8t，最大起重高度为 11.5m。

10.1.1   液压系统的工作原理

Q2-8 型汽车起重机的液压系统如图 10-2 所示。该系统属于中高压系统，用一个轴向柱塞泵做动力源，由汽车发动机通过传动装置（取力箱）驱动工作。整个系统由支腿收放、转台回转、吊臂伸缩、吊臂变幅和吊重起升五个工作支路所组成。其中，前、后支腿收放支路的手动换向阀 A、B 组成一个阀组（双联多路阀，如图中 1），其余四支路的手动换向阀 C、D、E、F 组成另一阀组（四联多路阀，如图中 2）。各换向阀均为 M 型中位机能三位四通手动换向阀，相互串联组合，可实现多缸卸荷。

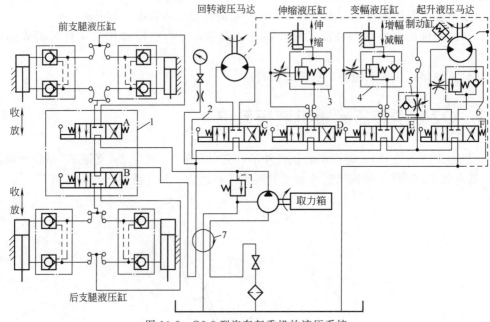

图 10-2   Q2-8 型汽车起重机的液压系统

1,2—阀组；3,4,6—平衡阀；5—单向节流阀；7—旋转接头

系统中除液压泵、安全阀、阀组 1 及支腿液压缸外，其他液压元件都装在可回转的上车部分。油箱也装在上车部分，兼做配重。上车和下车部分的油路通过中心旋转接头 7 连通。

（1）支腿收放支路

由于汽车轮胎支撑能力有限，且为弹性变形体，作业时很不安全，故在起重作业前必须放下前、后支腿，使汽车轮胎架空，用支腿承重。在行驶时又必须将支腿收起，轮胎着地。为此，在汽车的前、后端各设置两条支腿，每条支腿均配置有液压缸。前支腿两个液压缸同时用一个手动换向阀 A 控制其收、放动作，后支腿两个液压缸用手动换向阀 B 来控制其收、放动作。为确保支腿停放在任意位置并能可靠地锁住，在每一个支腿液压缸的油路中设置一个由两个液控单向阀组成的双向液压锁。

当手动换向阀 A 在左位工作时，前支腿放下，其进、回油路线为：

进油路：液压泵→手动换向阀 A→液控单向阀→前支腿液压缸无杆腔；

回油路：前支腿液压缸有杆腔→液控单向阀→手动换向阀 A→手动换向阀 B→手动换向阀 C→手动换向阀 D→手动换向阀 E→手动换向阀 F→油箱。

后支腿液压缸用手动换向阀 B 控制，其油液流经路线与前支腿支路相同。

（2）转台回转支路

转台回转支路的执行元件是一个大转矩液压马达，它能双向驱动转台回转。通过齿轮、蜗杆机构减速，转台可获得 $1\sim3r/min$ 的低速。马达由手动换向阀 C 控制正、反转，其油路为：

进油路：液压泵→手动换向阀 A→手动换向阀 B→手动换向阀 C→回转液压马达；

回油路：回转液压马达→手动换向阀 C→手动换向阀 D→手动换向阀 E→手动换向阀 F→油箱。

（3）吊臂伸缩支路

吊臂由基本臂和伸缩臂组成，伸缩臂套装在基本臂内，由吊臂伸缩液压缸带动做伸缩运动。为防止吊臂在停止阶段因自重作用而向下滑移，油路中设置了平衡阀 3（外控式单向顺序阀）。吊臂的伸缩由手动换向阀 D 控制，使伸缩臂具有伸出、缩回和停止三种工况。例如，当手动换向阀 D 在右位工作时，吊臂伸出。其油流路线为

进油路：液压泵→手动换向阀 A→手动换向阀 B→手动换向阀 C→手动换向阀 D→平衡阀 3 中的单向阀→伸缩液压缸无杆腔；

回油路：伸缩液压缸有杆腔→手动换向阀 D→手动换向阀 E→手动换向阀 F→油箱。

（4）吊臂变幅支路

变幅要求工作平稳可靠，故在油路中也设置了平衡阀 4。增幅或减幅运动由手动换向阀 E 控制，其油液流动路线类同于伸缩支路。

（5）吊重起升支路

吊重起升支路是本系统的主要工作油路。吊重的提升和落下作业由一个大转矩液压马达带动绞车来完成。液压马达的正、反转由手动换向阀 F 控制，马达转速，即起吊速度可通过改变发动机油门（转速）及控制手动换向阀 F 来调节。油路设有平衡阀 6，用以防止重物因自重而下落。由于液压马达的内泄漏比较大，当重物吊在空中时，尽管油路中设有平衡阀，重物仍会向下缓慢滑移，为此，在液压马达驱动的轴上设有制动器。当起升机构工作时，在系统油压作用下，制动器液压缸使闸块松开；当液压马达停止转动时，在制动器弹簧作用下，闸块将轴抱紧。当重物悬空停止后再次起升时，若制动器立即松闸，马达的进油路可能未来得及建立足够的油压，就会造成重物短时间失控下滑。为避免这种现象产生，在制动器油路中设置了单向节流阀 5，使制动器抱闸迅速，松闸却能缓慢进行（松闸时间用节流阀调节）。

10.1.2 液压系统的主要特点

① 系统中采用了平衡回路、锁紧回路和制动回路，能保证起重机工作可靠、操作安全。

② 采用三位四通手动换向阀不仅可以灵活方便地控制换向动作，还可通过手柄操纵来控制流量，以实现节流调速。在起升工作中，将此节流调速方法与控制发动机转速的方法结合使用，可以实现各工作部件微速动作。

③ 换向阀串联组合，不仅各机构的动作可以独立进行，而且在轻载作业时，可实现起升和回转复合动作，以提高工作效率。

④ 各换向阀的中位机能均为 M 型，处于中位时系统即卸荷，能减少功率损耗，适于间

歇性工作。

10.2　组合机床动力滑台液压系统

动力滑台是组合机床用来实现进给运动的通用部件，配置动力头和主轴箱后可以对工件完成孔加工、端面加工等工序。液压动力滑台用液压缸驱动，可实现多种进给工作循环。

现以 YT4543 型动力滑台为例分析其液压系统的工作原理和特点。YT4543 型动力滑台进给速度范围为 6.6～600mm/min，最大进给力为 4.5×10^4 N。如图 10-3 所示为 YT4543 型动力滑台的液压系统。

10.2.1　YT4543 型动力滑台液压系统的工作原理

（1）快进

按下启动按钮，电磁铁 1YA 通电，电液换向阀 4 左位接入系统，顺序阀 13 因系统压力低而处于关闭状态，变量泵 2 则输出较大流量，这时液压缸 5 两腔连通，实现差动快进，其油路如 F。

进油路：过滤器 1→变量泵 2→单向阀 3→换向阀 4→行程阀 6→液压缸 5 左腔；

回油路：液压缸 5 右腔→换向阀 4→单向阀 12→行程阀 6→液压缸 5 左腔。

（2）第一次工作进给

当滑台快进终了时，挡块压下行程阀 6，切断快速运动进油路，电磁铁 1YA 继续通电，阀 4 仍以左位接入系统。这时液压油只能经调速阀 11 和二位二通换向阀 9 进入液压缸 5 左腔。由于工进时系统压力升高，变量泵 2 便自动减小其输出流量，顺序阀 13 此时打开，单向阀 12 关闭，液压缸 5 右腔的回油最终经背压阀 14 流

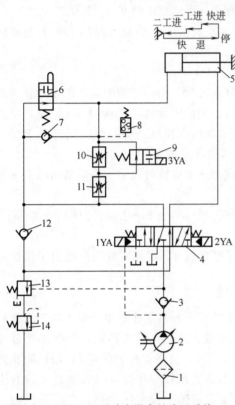

图 10-3　YT4543 型动力滑台的液压系统

1—过滤器；2—变量泵；3,12—单向阀；4—换向阀；5—液压缸；6—行程阀；7—单向阀；8—压力继电器；9—二位二通电磁换向阀；10,11—调速阀；13—顺序阀；14—背压阀

回油箱，这样就使滑台转为第一次工作进给运动。进给量的大小由阀 11 调节，其油路为

进油路：过滤器 1→变量泵 2→单向阀 3→换向阀 4→调速阀 11→二位二通换向阀 9→液压缸 5 左腔；

回油路：液压缸 5 右腔→换向阀 4→顺序阀 13→背压阀 14→油箱。

（3）第二次工作进给

第二次工作进给油路和第一次工作进给油路基本上是相同的，所不同之处是当第一次工进终了时，滑台上挡块压下行程开关，发出电信号使二位二通阀 9 电磁铁 3YA 通电，使其油路关闭，这时液压油需通过调速阀 11 和 10 进入液压缸左腔。回油路和第一次工作进给完全相同。因调速阀 10 的通流面积比调速阀 11 通流面积小，故第二次工作进给的进给量由调速阀 10 来决定。

（4）止挡块停留

滑台完成第二次工作进给后，碰上止挡块即停留下来。这时液压缸 5 左腔的压力升高，使压力继电器 8 动作，发出电信号给时间继电器，停留时间由时间继电器调定。设置止挡块可以提高滑台加工进给的位置精度。

（5）快速退回

滑台停留时间结束后，时间继电器发出信号，使电磁铁 1YA、3YA 断电，2YA 通电，这时换向阀 4 右位接入系统。因滑台返回时负载小，系统压力低，变量泵 2 输出流量又自动恢复到最大，滑台快速退回，其油路为

进油路：过滤器 1→变量泵 2→单向阀 3→换向阀 4→液压缸 5 右腔；

回油路：液压缸 5 左腔→单向阀 7→换向阀 4→油箱。

（6）原位停止

滑台快速退回到原位，挡块压下原位行程开关，发出信号，使电磁铁 2YA 断电，至此全部电磁铁皆断电，换向阀 4 处于中位，液压缸两腔油路均被切断，滑台原位停止。这时变量泵 2 出口压力升高，输出流量减到最小，其输出功率接近于零。

系统图中各电磁铁及行程阀的动作顺序见表 10-1（电磁铁通电、行程阀压下时，表中记"＋"号；反之，记"－"号）。

表 10-1　电磁铁和行程阀动作顺序

动作	电磁铁			行程阀
	1YA	2YA	3YA	
快进	＋	－	－	－
一次工进	＋	－	－	＋
二次工进	＋	－	＋	＋
止挡块停留	＋	－	＋	＋
快退	－	＋	－	±
原位停止	－	－	－	－

10.2.2　动力滑台液压系统的特点

① 系统采用了"限压式变量叶片泵＋调速阀＋背压阀"式的容积节流（进口）调速回路。用变量泵供油可使空载时获得快速（泵的流量大）。工进时，负载增加，泵的流量会自动减小，且无溢流损失，因而功率的利用合理。用调速阀调速可保证工作进给时获得稳定的低速（最小可达 6.6mm/min）有较好的速度刚性。调速阀设在进油路上，便于利用压力继电器发信号实现动作顺序的自动控制。回油路上加背压阀能防止负载突然减小时产生的前冲现象，并能使工进速度平稳。同时其调速范围较大（达 100mm/min 左右）。

② 系统采用了限压式变量泵和差动连接液压缸来实现快进，能量利用比较合理。滑台停止运动时，换向阀使液压泵在低压下卸荷，减少能量损耗。

③ 采用行程阀和顺序阀实现快进与工进换接，不仅简化了油路，而且使动作可靠，换接精度高。至于两个工进之间的换接则由于两者速度都较低，采用电磁阀完全能保证换接精度。

动力滑台的行程范围及有关加工行程主要靠行程挡块来保证和调节，加工过程中滑台在死挡块处的停留时间可用延时继电器来实现。

10.3 连铸机中间包滑动水口液压系统

10.3.1 连铸机工艺

连铸机工艺流程如图 10-4 所示。

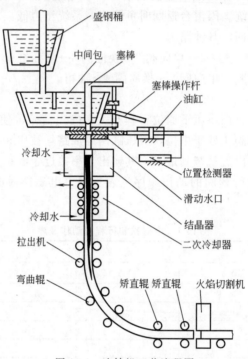

图 10-4 连铸机工艺流程图

连铸机中的中间包是连铸生产线上的重要设备。滑动水口是安装在中间包底部用来控制钢液从中间包流到结晶器的流量。年产 400×10^4 t 板坯的大型连铸机的中间包底部装有 2 套液压滑动水口装置。液压滑动水口克服了塞棒操作时出现的断裂、熔融、变形、钢流关不住等故障。

滑动水口主要参数：

| 水口滑动行程 | 120mm | 驱动方式 | 油缸直接驱动 |
| 滑动速度 | 60mm/s | 驱动力 | 87.7kN |

10.3.2 连铸机滑动水口液压系统

10.3.2.1 主要参数

油泵：

| 形式 | 轴向柱塞泵 2 台（其中一台备用） | 流量 | 75dm³/min |
| 压力 | 14MPa | | |

油缸：

| 形式 | 双杆活塞式 1 台 | 工作压力 | 14MPa |
| 规格 | $\phi 100$mm $\times \phi 45$mm $\times 100$mm | 蓄能器 | 2 个 |

容量	50dm³	预充氮气压力	7~8MPa
油箱	500dm³		

电动机功率：22kW，2 台（一台备用）

位置检测器检测行程　　　120mm

工作介质：

类型　　脂肪酸脂

性能　　黏度较高，有较好的防气蚀性能，最高温度界限 150~180℃。

10.3.2.2 液压系统工作原理

连铸机滑动水口液压系统由两台液压泵（其中一台备用）、蓄能器、滤油器、冷却器及阀组组成如图 10-5 所示。

工程泵过载时可自动卸荷，同时备用泵自行启动向系统供油，换接过程由电气元件与电磁铁 1DT、2DT 互锁控制。当蓄能器压力低于 10MPa 时，操作者可手动启动备用液压泵向系统和蓄能器供油，常用液压泵一般不向蓄能器供油、处于卸荷状态。元件 6、7 是为防止卸荷时的振动设计的。油箱油量少于 250L 时所有液压泵均停转，但蓄能器可保证液压泵停转时尚能进行一次以上的滑动水口动作并使水口关闭。溢流阀与调定压力为 15MPa。系统的回油均经滤油器 32 回油箱，滤油精度为 $25\mu m$，滤油器污染堵塞时回油经单向阀 30 回油箱，单向阀开启压力为 0.4MPa。当油温超过调定值时，温度检测器发出讯号使冷却器 33 工作，压力继电器有四个接点，其调定值如下。

① 压力低于 1MPa 时，液压泵负载。

② 压力高于 14MPa 时，液压泵卸荷。

③ 压力低于 10MPa 时，压力下降报警。

④ 压力低于 9MPa 时，压力最低报警。

本系统可以进行自动、手动和紧急状态三种操作方式。

（1）自动控制

自动控制是利用液位检测信号和水口实际位置的位置检测信号与设定值相比较所产生的误差来控制滑动水口驱动液压缸动作，自动调节滑动水口开度的大小以调节钢液流量，实现随动控制。其工作流程如图 10-6 所示。

当关闭节流阀 62、4DT 通电。滑动水口开启时的主油路为

进油路：压力源 P_1→截止阀 36→换向阀 37 右位 →伺服阀 39 右位→液控单向阀 43→节
　　　　　　　　　　　　　　　　　　　　　　液控单向阀 42、53K 口
流阀 56→单向阀 54→快速接头 52→液压缸 51 右腔，活塞左移，滑动水口开启。

回油路：油缸左腔→快速接头 50→滤油器 49→单向阀 47→单向阀 45→液控单向阀 42→伺服阀 39 右位→单向阀 64→油箱。

滑动水口关闭时的主油路为

进油路：压力油 P_1→截止阀 36→换向阀 37 右位 →伺服阀 39 左位→液控单向阀 42→
　　　　　　　　　　　　　　　　　　　　　　液控单向阀 42、43K 口
节流阀 46→单向阀 48→快速接头 50→液压缸 51 左腔，活塞右移，滑动水口关闭。

回油路：液压缸右腔→快速接头 52→滤油器 53→单向阀 55→单向阀 57→液控单向阀 43→伺服阀 39 左位→单向阀 64→油箱。

（2）手动控制

控制电磁铁 3DT、5DT、6DT 就可以进行手动控制。

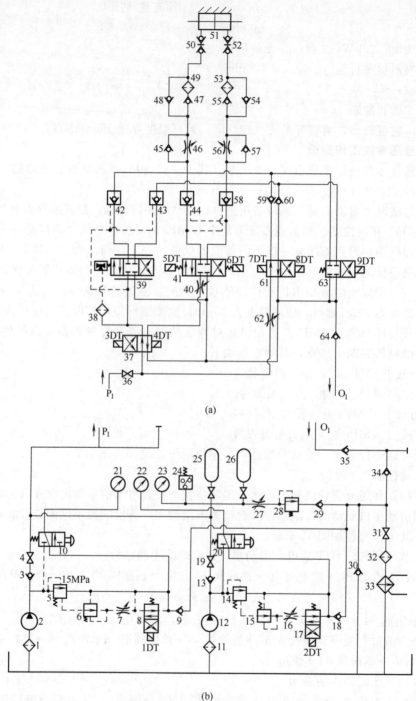

(a)

(b)

图 10-5　滑动水口液压系统

滑动水口开启时，使 3DT 和 6DT 通电，主油路是

进油路：压力油源 P_1 →截止阀 36 →换向阀 37 →节流阀 40 →换向阀 41 右位 →液控单

液控单向阀 44K 口

向阀 58 →节流阀 56 →单向阀 54 →快速接头 52 →液压缸 51 右腔，活塞左移，滑动水口
开启。

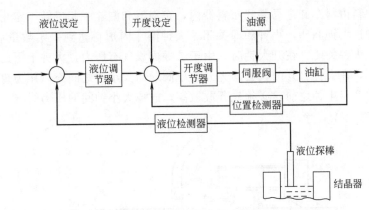

图 10-6　滑动水口自动控制

回油路：液压缸 51 左腔→快速接头 50→滤油器 49→单向阀 47→单向阀 45→液控单向阀 44→换向阀 41 右位→单向阀 64→油箱。

滑动水口关闭时 3DT 和 5DT 通电，主油路是

进油路：压力油源 P_1→截止阀 36→换向阀 37 左位→ 换向阀 41 左位→液控单向阀 44→ 液控单向阀 58K 口

节流阀 46→单向阀 48→快速接头 50→液压缸 51 左腔。活塞右移，滑动水口关闭。

回油路：液压缸 51 右腔→快速接头 52→滤油器 53→单向阀 55→单向阀 57→液控单向阀 58→换向阀 41 左位→单向阀 64→油箱。

（3）紧急关闭滑动水口控制

正常情况下 8DT 通电，7DT 断电。当出现紧急情况时，可手动控制使 7DT 通电，8DT 断电。其主油路是

进油路：压力油源 P_1→截止阀 36→节流阀 62→换向阀 61 左位→单向阀 59→节流阀 46→单向阀 48→快速接头 50→液压缸左腔。活塞右移、滑动水口关闭。

回油路：液压缸 51 右腔→快速接头 52→滤油器 53→单向阀 55→单向阀 57→单向阀 60→换向阀 61 左位→单向阀 64→油箱。

（4）泄荷状态

为检修或排除故障，可使系统泄压，使 7DT，9DT 通电即可，其主油路是

压力油源 P_1→截止阀 36→节流阀 62→换向阀 61 左位→单向阀 59→换向阀 63 右位→单向阀 64→油箱。

10.4　高炉料钟启闭机构液压系统

10.4.1　高炉料钟启闭机构的概况及生产工艺

某 $550m^3$ 高炉炉顶装料设备的基本结构如图 10-7 所示。大钟挂在托梁上，大钟的载荷由托梁两端的拉杆承受。每一拉杆由两个柱塞缸传动。由于大钟液压缸大部分装在煤气封罩内，温度很高，此液压缸采用水冷结构，如图 10-8 所示。

装料设备还包括两个 $\phi250$ 均压阀和两个 $\phi400$ 放散阀，都由活塞缸传动。由活塞缸通过钢绳将阀打开，靠阀盖自重关闭。

装料时，炉料由料车卸进马基式布料器内，布料器和漏斗一起旋转一定角度后停下，小钟下降，炉料卸进大钟漏斗，小钟随即关闭。大钟漏斗内炉料达到一定数量后，大钟下降，炉料卸进高炉，大钟关闭。在开大钟时，由于炉喉内煤气有压力，大钟上下的压力差阻碍大钟的下降。为此，在大钟打开前，必须先开均压阀，向大小钟之间充以压力煤气，以消除压力差。同理，在开启小钟之前，必须先开放散阀，放掉大小钟间的压力煤气，以消除作用于小钟上的压力差。

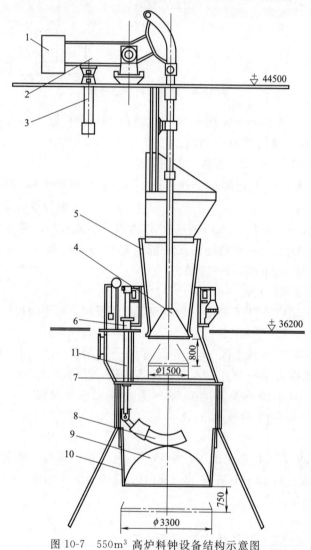

图 10-7　550m³ 高炉料钟设备结构示意图

1—平衡重；2—小钟杆；3—小钟液压缸；4—小钟；5—马基式布料器；6—大钟液压缸；
7—煤气封罩；8—托梁；9—大钟；10—钟漏斗；11—拉杆

料车每卸料一次，小钟动作一次。在正常运行时，小钟和放散阀每动作四次，大钟和均压阀各动作一次，形成一个工作周期。当高炉内炉料面低于允许范围时，要求及早恢复正常的高度，就得提前加料，这叫赶料线运行。此时，要求小钟和放散阀每动作两次，大钟和均压阀各动作一次，组成一个工作周期。

高炉料钟启闭机构对液压系统的工艺要求，是由高炉生产能力和生产工艺决定的，必须得到满足。高炉生产有如下具体工艺要求。

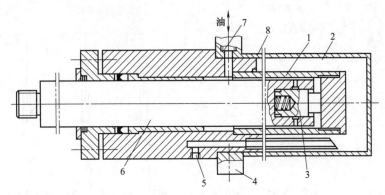

图 10-8　大钟柱塞缸水冷及缓冲结构

1—缸体；2—冷却水套；3—缓冲头；4—摆动轴；

5—冷却水入口；6—柱塞；7—油入口；8—冷却水出口

① 大小料钟必须能承受漏斗中的最大料重。液压系统必须能满足最紧张的赶料线周期的要求。

② 必须保证在加入炉料后，料钟与漏斗口之间不漏气，要求料钟对漏斗口保持一定的压紧力。

③ 由于在大钟漏斗中有煤气，有时会因进入空气而发生煤气爆炸。所以必须采取适当措施，使大钟拉杆等有关部件不致因爆炸而超载损坏。

④ 为减小大钟启闭时的冲击，要求在其行程的起点和终点减速。

⑤ 当料钟采用多缸传动时，为避免拉杆或柱塞杆与各自的导向套因倾斜而卡住，要求各油缸的同步精度不低于 4%。

⑥ 均压阀、放散阀和大小料钟启闭时间的配合必须得到严格保证。

10.4.2　550m³ 高炉料钟启闭机构液压系统工作原理

图 10-9 为 550m³ 高炉料钟启闭机构液压系统原理图。关于系统的回路组成及其特点分别叙述如下。

（1）同步回路

大钟由四个柱塞缸驱动，为使各液压缸运动同步，采用分流集流阀 1 的同步回路。在料钟启闭系统中，液压缸速度的同步误差决定于拉杆或柱塞与导向套的间隙，一般允许的同步误差范围在 4% 左右。同时还要求料钟在上升的终点能严密关闭。虽然所选用的换向式分流集流阀在其一个出口流量为零时，另一出口也将关闭，但对柱塞缸而言，工作行程小于极限行程，当柱塞到达工作行程终点时，仍允许继续前进，液压缸流量（即分流集流阀出口的流量）不会为零。只有当料钟关严后，流量才能为零，故换向式分流集流阀的这一特点对于料钟的动作没有影响。

（2）换向阀锁紧回路

为使各液压缸在不操作时保持活塞位置不变，采用三位四通换向阀 16 和液控单向阀 3 组成换向阀锁紧回路，换向阀采用"Y"型阀芯，与电磁阀 10 相配合。当电磁阀 16 处于中位时，电磁阀 14 通电，液压泵卸荷，电磁阀 10 断电，蓄能器与主油路切断，使电磁阀 16 的阀芯处于无压状态。这样，所有的液压缸全不工作时，压力油几乎没有泄漏，保证活塞位置不变，而且工作可靠。

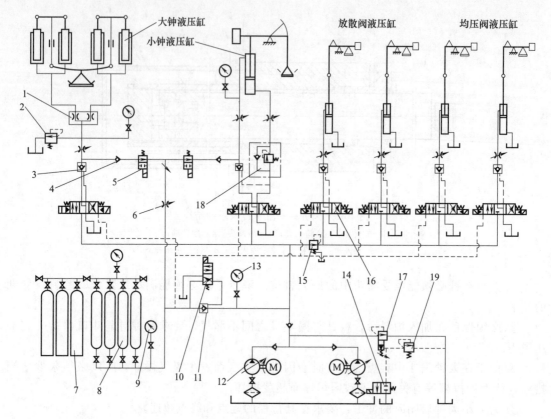

图 10-9　550m³ 高炉料钟启闭机构液压系统原理图

1—分流阀；2—溢流阀；3,11—液控单向阀；4—单向阀；5—二位二通阀；6—节流阀；7—氮气瓶；
8—蓄能器；9—压力表；10—二位四通换向阀；12—液压泵；13—电接点压力表；14—二位二通阀；
15—减压阀；16—三位四通换向阀；17—溢流阀；18—单向顺序阀；19—远程调压阀

（3）补油回路

在大钟关闭后，由液控单向阀 3 锁紧，当料钟上增加炉料后，由于负载增加，液压缸与液控单向阀之间的油压将增加，油液的压缩将使料钟有所下降，影响了漏斗与料钟密合程度。为确保料钟对漏斗的压紧力，并补充液压缸的漏油，特设补压回路。即从蓄能器引出一条通径较小的管道，经过节流阀 6 和单向阀 4 接到大钟的液控单向阀 3 的出口，使液控单向阀与液压缸之间始终保持蓄能器的油压，将料钟压紧在漏斗口。

大小料钟均设有补压回路，为了避免料钟液压缸回油时与补压回路相干扰，在节流阀 6 与单向阀 4 之间再增设两个二位电磁换向阀 5。当某料钟关闭时，相应的电磁阀 5 断电，补压回路接通。料钟开启时，则电磁阀 5 通电而把蓄能器到液压缸的补油通路切断。

（4）防止因煤气爆炸引起过载的溢流阀安全回路

在大钟液压缸的管路上设有溢流阀 2，其调定的开启压力稍高于主溢流阀的调定压力。

（5）小钟液压缸的工作稳定性

为保证小钟对布料器的压紧力，平衡杆采用过平衡设计，由平衡重产生的平衡力矩使空钟关闭，过平衡力矩愈大，关闭时活塞下降的加速度愈大。当其下降速度超过液压站供油量所形成的速度时，液压缸上腔及相应的管道将产生负压，这是不允许的。但过平衡力矩仍必须保持一定的数量。为此，一方面应尽量减小过平衡力矩，另一方面在液压缸下腔的管道上设单向顺序阀 18，使小钟关闭时，回油路管道上有一定背压，使活塞稳定下降。

（6）液压缸的缓冲装置

为防止在料钟下降到极限位置时，柱塞撞击液压缸缸底，在柱塞的端部设有缓冲装置，如图 10-9 所示。图示位置表示复位弹簧压缩，柱塞位于行程终点。缓冲是通过三角沟槽和径向小孔实现的。

（7）蓄能器储能和调速回路

系统设置有 25L 气囊式蓄能器 8（4 个）和 40L 氮气瓶 7（3 个），通过液控单向阀 11 与系统主油路相连接。液压泵 12 可向蓄能器随时供油，而蓄能器必须在电磁阀 10 通电时，才能向系统供油。为降低启动、制动时机构惯性引起的冲击，在任一机构启动和制动时，电磁阀均断电，仅由液压泵供油，只能以较小的速度启动和制动。正常速度运行时，电磁阀通电，蓄能器和液压泵共同供油。

（8）分级调压及压力控制回路

料钟液压缸的工作压力为 12.5MPa，而均压阀和放散阀液压缸的工作油压为 6MPa，故需要分两级调压。设有主溢流阀 17，其调定压力为 13.75MPa。远程调压阀 19 的调定压力为 15MPa。电磁阀 14 用以控制溢流阀 17 卸荷，电接点压力表 9 的调定压力为 12.5MPa 和 15MPa。电接点压力表 13 的调定压力为 8.5MPa 和 13.75MPa。此二压力表主要用于系统的安全保护，动作情况如下。

当电磁阀 14 断电，液压泵向主油路供油，换向阀 16 就可工作。当主油路压力小于 12.5MPa 时，压力表 9 的低压接点闭合，液压泵 12 向系统和蓄能器 8 供油，当主油路压力大于 12.5MPa 时，压力表 9 的低压接点断开，使电磁阀通电，主溢流阀 17 卸荷，液压泵空载运转。若此时油压还继续上升到 13.75MPa 时，压力表 13 的高压接点闭合报警，表明压力表或电磁铁失灵。同时，主溢流阀 17 打开。当油压再继续上升到 15MPa 时，压力表 9 的高压接点闭合，使电动机停止运转。此时表明溢流阀与油箱的通道未打开，或溢流阀 17 的先导阀失灵，则远程调压阀 19 动作，代替溢流阀 17 的先导阀，使溢流阀 17 溢流。当油压下降到 8.5MPa 以下时，压力表 13 的低压接点闭合，发出低压警报，表明系统有大量漏油现象，工作人员应及时检查，并排除故障。

为实现电动机空载启动，在电动机启动时，先使电磁阀 14 通电，溢流阀 17 卸荷。经延时继电器，待电动机达到额定转速后再使电磁阀 14 断电，这时液压泵 12 才开始向系统供油。

均压阀和放散阀油缸要求的油压为 6MPa，由调定压力为 6MPa 的减压阀 15 供给低压油。

（9）其他

液压站设在炉顶平台或布料器房内，因离液压缸的距离很近，液压缸中的油液能回到油箱中冷却、过滤，故油管未采取任何降温措施。油箱内有蛇形管，通水冷却，采用 160 目铜网滤油器。在管道的最高处设有排气塞。

各液压缸动作的连锁由电气控制。各重要元件都设有备用回路，这在系统原理图上已有表示，不再赘述。

10.5　高炉泥炮液压系统

10.5.1　泥炮的用途与机械工作原理

高炉在出铁完毕至下一次出铁之前，出铁口必须堵住。堵塞出铁口的办法是用泥炮将一种特制的炮泥推入出铁口内，炉内高温将炮泥烧结固状而实现堵住出铁口的目的。下次出铁时再用开孔机将出铁口打开。

泥炮的类型有气动、电动和液压传动泥炮。目前广泛采用液压泥炮。日产万吨生铁的大型高炉（4063m³）有四个出铁口，各配有一台相同型号的液压泥炮。

（1）充填装置

充填装置的作用是将炮泥推入出铁口内。它的前部有喷嘴、炮筒和投泥口，后部是推泥缸。

（2）保持装置

保持装置的作用是使充填装置倾斜一定角度，将炮嘴对准出铁口并支持充填装置推泥，此动作也称为压炮。

（3）旋转装置

旋转装置的作用是将充填装置旋转到炉口前或退后到装泥、检修等的位置上。旋转装置是由一个带有减速器的液压马达驱动的。

（4）钩锁装置

在泥炮的支架上设有一个钩子，在基础上设有一个钩座。推泥时钩子可以自动地搭在钩座上，承受推泥时的反力矩。脱钩由液压缸驱动进行。

另外还有防热装置、控制台、液压站和润滑装置，配套组成。

泥炮的有关参数如下：

使用次数 7	次/台、日
充填时间	40～60min
吐泥量	0.4m³
有效行程时吐泥量	0.3m³
泥推力	6000kN
推泥时间	83～95s

10.5.2　泥炮液压系统

泥炮液压系统是由三个液压缸和一个液压马达来完成各部分动作的，泥炮液压传动系统如图 10-10、图 10-11 所示。

10.5.2.1　主要参数

（1）工作压力

充填系统	35MPa
保持系统	25MPa
旋转和钩锁系统	14MPa

（2）高压泵

型式	柱塞式
额定压力	35MPa
额定流量	123dm³/min
电机功率	32kW

（3）低压泵

型式	叶片式
额定压力	14MPa
额定流量	82dm³/min

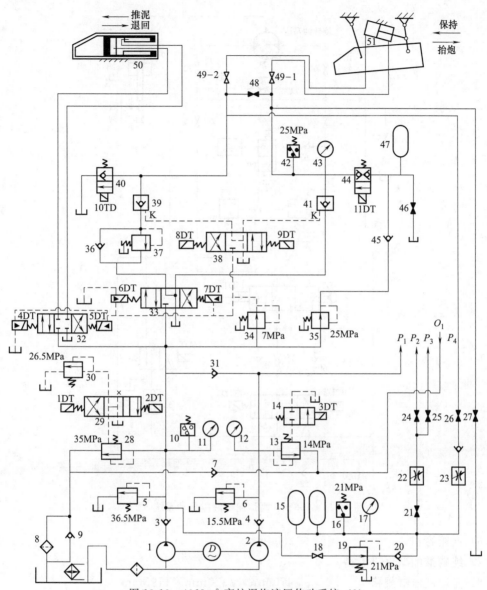

图 10-10 4063m³ 高炉泥炮液压传动系统 (1)

▷◁为常开截止阀，▶◀为常闭截止阀

（4）蓄能器（压炮用）

型式	活塞式
最高使用压力	25MPa
容积	5dm³
预充氮气压力	13MPa

（5）蓄能器（停电时用）

型式	球胆型
最高使用压力	21MPa
容积	60dm³
预充氮气压力	10MPa

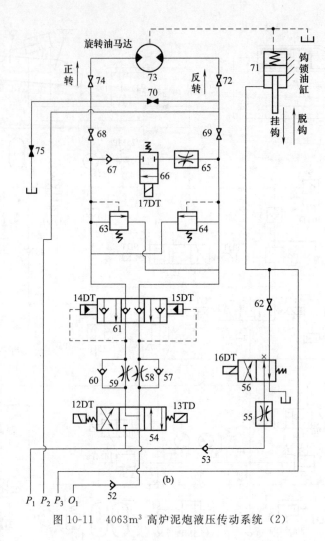

图 10-11　4063m³ 高炉泥炮液压传动系统 （2）

（6）油箱容积　　　　　　　　1200dm³
（7）纯磷酸酯型（难燃型）
（8）充填液压缸规格　　　　　ϕ470mm×ϕ320mm×1195mm
（9）保持液压缸规格　　　　　ϕ250mm×ϕ160mm×480mm
（10）液压马达规格

排量　　　　　　　　　　　72.6dm³
扭矩　　　　　　　　　　　2550N·m（14MPa 时）
（11）钩锁装置液压缸规格　　ϕ50mm×ϕ22.4mm×150mm

10.5.2.2　液压系统工作原理

　　在液压站设有两套液压装置，出现故障时可替换进行工作。由图 10-10 可知：系统由一台高压泵和一台低压泵供油。高压泵为充填和保持装置供油。操作电磁换向阀 29 可使系统实现二级调压（35MPa 和 26.5MPa）或卸荷。低压泵为旋转和钩锁装置供油，当系统压力达 14MPa 时，压力继电器可使泵卸荷。蓄能器 15 能保证保持、旋转和钩锁装置完成一次全行程动作。蓄能器 47 的作用是使保持装置保持强大的保持力。安全阀 63、64 兼起抵消由于紧急制动而产生的冲击。开始正转时电磁换向阀 66 的电磁铁处于断电状态，正转完毕电磁铁通电起分流作用。打开截止阀48、70可人力推动旋转装置和保持装置强行启动。当炮嘴压住出铁口时，若停电，可把二位换向阀40、44手动推入并锁紧使其继续工作。当充填装置推泥停电时，可手动操作电液换向阀32使其推泥动作继续进行。停电时打开截止阀26、27可使保持装置上升；打开截止阀21、25可使钩锁装置脱钩；打开截止阀21、24、75可使旋转装置动作。

下面介绍各部分动作时的油路情况。

（1）充填液压缸工作过程

① 压泥时使电磁铁1YA和4YA通电，其主油路为

进油：泵1→单向阀3→电液换向阀32左位→缸50左腔，使活塞左移。

回油：缸50右腔→电液换向阀32左位→油箱。

② 退回时，使电磁铁1YA，5YA通电，其主油路为

进油：泵1→单向阀3→电液换向阀32右位→缸50右腔，使活塞右移。

回油：缸50左腔→电液换向阀32右位→油箱。

（2）保持液压缸工作过程

① 保持时，使7YA和9YA通电，此时控制压力油经减压阀34→电磁换向阀38→液控单向阀39K口将单向阀打开。其主油路为

进油：泵1→单向阀3→电液换向阀33右位→液控单向阀41→截止阀49-1→缸51右腔，使活塞左移。

回油：缸51左腔→截止阀49-2→液控单向阀39→顺序阀37→电液换向阀33右位→油箱。

② 抬炮时，使6YA和8YA通电，此时控制压力油将液控单向阀41打开。其主油路为

进油：泵1→单向阀3→电液换向阀33左位→单向阀36→液控单向阀39→截止阀49-2→缸51左腔，使活塞右移。

回油：缸51右腔→截止阀49-1→液控单向阀41→电磁换向阀33左位→油箱。

（3）旋转装置液压马达工作过程

① 正转时，使13YA和14YA通电，其主油路为

进油：泵2→单向阀4→电磁换向阀54右位→单向阀60→液控换向阀61左位→截止阀68、71→液压马达左腔。

回油：液压马达右腔→截止阀72、69→液控换向阀61左位→节流阀58→电磁换向阀54右位→单向阀52、7→滤油器8→油箱。

② 反转时，使12YA和15YA通电。其主油路为

进油：泵2→单向阀4→电磁换向阀54左位→单向阀57→液控换向阀61右位→截止阀69、72→液压马达73右腔。

回油：液压马达73左腔→截止阀71、68→液控换向阀61右位→节流阀59→电磁换向阀54左位→单向阀52、7→滤油器8→油箱。

（4）钩锁装置液压缸工作过程

① 脱钩时，使16YA通电，其主油路为

进油：泵2→单向阀4、53→节流阀55→电磁换向阀56左位→截止阀62→缸74下腔，使活塞上移。

② 搭钩时，使16YA断电，弹簧力使其活塞下移。

回油：缸74下控→截止阀62→电磁换向阀56右位→油箱。

思考题

1. 指出如图 1 所示液压系统，具有 (　　)、(　　)、(　　) 和 (　　) 的功能和作用，条件 $q_{VA} > q_{VB}$。液压缸的活塞实现"快进、一工进、二工进和快退"的动作循环时，填出电磁铁通电情况表 1。

表 1　电磁铁通电情况

动作　＼　DT	1DT	2DT	3DT	4DT
快进				
一工进				
二工进				
快退				

2. 指出如图 2 所示液压系统，具有 (　　)、(　　)、(　　)、(　　)、(　　) 和 (　　) 的功能和作用，并填出电磁铁动作情况表 2。

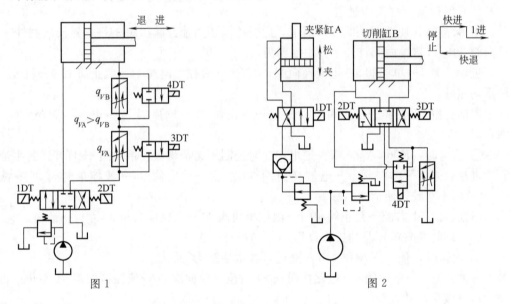

图 1　　　　　　　　　　　　　图 2

表 2　电磁铁动作情况

动作　＼　DT	1DT	2DT	3DT	4DT
A 夹紧				
B 快进				
B 工进				
B 快退				
B 停止				
A 松开				

11 液压传动系统的安装调试与运转维护

11.1 液压系统的安装与调试

11.1.1 安装

液压系统的工作是否稳定可靠，一方面取决于设计是否合理，另一方面还取决于安装的质量。精心的、高质量的安装，会使液压系统运转良好，减少故障的发生。

在安装液压系统前，首先应备齐各种技术资料，如液压系统原理图、电气原理图、系统装配图，液压元件、辅件及管件清单和有关样本。安装人员需对各技术文件的具体内容和技术要求逐项熟悉了解。其次，再按图纸要求做物质准备，备齐管道、管接头及各种液压元件，并检查其型号规格是否正确，质量是否达到要求，有缺陷的应及时更换。

有些液压元件由于运输或库存期间侵入了砂土、灰尘或锈蚀，如直接装入液压系统，可能会对系统的工作产生不良影响，甚至引发故障。所以，对比较重要的元件在安装前要进行测试，检验其性能，若发现有问题要拆开清洗，然后重新装配、测试，确保元件工作可靠。液压元件属精密机械，对它的拆、洗、装一定要在清洁的环境中进行。拆卸时要做到熟知被拆元件的结构、功用和工作原理，按顺序拆卸；清洗时可用煤油、汽油或和液压系统牌号相同的油清洗，清洗后，不要用棉纱擦拭，以防再次污染。装配时禁止猛打、硬搬、硬拧，如有图纸应参照图纸进行核对。在拆洗过程中对已损坏的零件，如老化的密封件等要进行更换。重新装配好的元件要进行性能和质量的测试。

有油路块的系统要检查油路块上各孔的通断是否正确，并对流道进行清洗。另外，油箱内部也要清理或清洗。

已清洗干净的液压元件，暂不进行总装时要用塑料塞子将它们的进、出口都堵住，或用胶带封住以防脏物侵入。

液压系统的安装包括管道安装、液压件安装和系统清洗。

（1）液压元件的安装与要求

① 安装各种泵和阀时，必须注意各油口的位置，不能接反或接错。

② 液压泵输入轴与电动机驱动轴的同轴度偏差不应大于 0.1mm；两轴中心线的倾斜角不应大于 1°。

③ 板式液压元件接合面处的密封圈应有一定的压缩量，各连接螺钉应按交叉顺序均匀拧紧，并使元件的安装平面与底板平面全部接触。

④ 方向控制阀一般应保持轴线水平安装；蓄能器应保持其轴线竖直安装。

⑤ 应保证液压缸的安装面与活塞杆（或柱塞）滑动面的平行度要求。

⑥ 各指示表的安装应便于观察和维修。

(2) 液压管路的安装与要求

液压系统的全部管路在正式安装前要进行配管试装。试装合适后将油管拆下，用温度为40～60℃的10%～20%（质量分数）的稀硫酸或稀盐酸溶液酸洗30～40min。取出后再用30～40℃的苏打水中和。最后，用温水清洗、干燥、涂油，转入正式安装。管路的安装应满足以下要求。

① 管道的布置要整齐，油管长度应尽量短，管道的直角转弯应尽量少，各平行与交叉的油管之间应有10mm以上的空隙。刚性差的油管应予以可靠地固定。系统的管路复杂时，可将其高压油管、低压油管、回油管和吸油管等分别涂上不同的颜色或编号加以区别，以便于安装和维修。

② 扩口管接头用油管端面要先锪平，油管扩口必须用专门工具进行。采用法兰连接时，法兰焊接要与油管中心线垂直。各油管接头要紧固可靠，密封良好，不得漏气。

③ 液压泵吸油管的高度一般不大于500mm。吸油管道的接合处应涂以密封胶，保证密封良好。溢流阀的回油管口不应靠近泵的吸油管口，以免吸入温度较高的油液。

④ 回油管应伸到油箱液面以下，以防油液飞溅而混入气泡。回油管端应加工成45°斜面，使回油平稳。凡外部有泄油管的阀（如减压阀、顺序阀等），其泄油口与回油管道连通时不允许有背压，否则应单独设回油管。

⑤ 系统中的主要管道和过滤器、蓄能器、测压表、流量计等辅助元件应能自由拆装而不影响其他元件。布置活接头时，应保证其拆装方便。

⑥ 高压管路必须使用按其工作压力选定的无缝钢管，不许使用有缝钢管或有缺陷的钢管代替，其管路连接宜采用法兰连接。

(3) 液压系统的清洗

液压系统安装好后，在试车以前必须对管路系统进行清洗，要求高的系统可分两次进行。

第一次清洗前应先清洗油箱并用绸布擦净。然后注入油箱容量60%～70%的工作油或试车油（不要用煤油、酒精等）。再按图11-1(a) 所示的方法将有溢流阀及其他阀的排油回路在阀的进口处临时切断；将液压缸两端的油管直接连通（使油液不流经液压缸），并使换向阀处于某换向位置（不处于中位）；将主回油管处接一过滤器。这时，即可使泵运转并接通加热装置，将油加热到50～80℃进行清洗。

清洗初期，回油管处的过滤器应用0.15～0.19mm的滤油网；当达到清洗时的60%时，换用0.10mm的滤油网。为提高清洗质量，应使泵做间歇运动，并在清洗过程中不断轻轻敲击油管，使管道各处微粒都被冲洗干净。清洗时间视系统复杂程度等具体情况而定，一般为十几个小时。第一次清洗结束后，应将系统中的油液全部排出，然后再次清洗油箱并用绸布擦净。

第二次清洗前应先将油路按正式工作油路接好，如图11-1(b)。然后将油箱内注入实际工作所用的油液并启动液压泵对系统进行清洗。清洗时间一般为1～3h。清洗结束时，过滤器的滤油网上应无杂质。这次清洗后的油可以继续使用。

11.1.2　调试

11.1.2.1　调试目的

无论是新制造的液压设备还是经过大修后的液压设备，都要进行工作性能和各项技术指

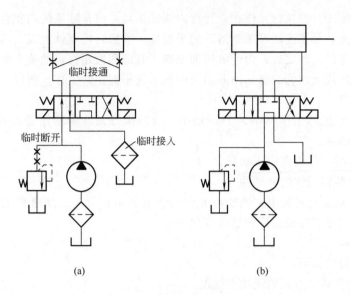

(a)   (b)

图 11-1　液压系统的清洗

标的调试，在调试过程中排除故障，从而使液压系统达到正常、稳定、可靠的工作状态，同时调试中积累的第一手资料可整理纳入技术档案，可有助于设备今后的维护和故障诊断及排除。

11. 1. 2. 2　调试的主要内容及步骤

调试前要仔细阅读有关图纸资料，了解被调试设备的工作特性、工作循环及各项技术参数，认真分析所有液压元件的结构、作用及调试方法，搞清每个液压元件在设备上的实际位置。并了解机械、电气、液压的相互关系，制定出调试方案和工作步骤。

（1）外观检查

外观检查是指系统未开车前，检查系统的元件质量及安装质量是否存在问题。

（2）空载试验

空载试验是让液压系统在空载条件下运转，检查系统的每个动作是否正常，各调节装置工作是否可靠，工作循环是否符合要求，同时也为带载试验做准备。

空载实验步骤如下。

① 泵站空运转，用换向阀或节流阀将通往执行元件的油路关闭，使泵排出的油只能通过泵出口的溢流阀流回油箱，松开溢流阀的调节螺钉，在首次启动液压泵之前，要打开出油口向泵内灌入纯净的工作油液，并用手扳动联轴器使之转动 2～3 圈，这样可使液压泵各运动副表面建立润滑油膜，防止首次启动因干摩擦而将泵研坏。对于轴向柱塞泵，还要从上泄漏口向泵的壳体内灌油，以使滑靴和斜盘间充满润滑油；然后点动液压泵驱动电动机 3～5 次，待油泵电动机组件运转正常后，再正式启动，听泵的工作声音是否正常，油箱液面高度是否在规定范围内。

观察泵出口压力表，泵在这种情况下运转时，压力表指示压力应该不超过 0.3MPa。

② 调节压力，首先从泵出口的主溢流阀开始，徐徐调节溢流阀分挡升压（每挡 3～5MPa，每挡时间 10min）至设计要求的调定压力；然后将调节螺钉背帽紧固牢靠。在这个过程中要密切注意液压泵的运转状态，是否出现异常的噪声、震动，并检查压力升高后所有部位是否泄漏，如有以上情况出现应立即关闭电机，进行处理。

③ 依次调试各执行元件的各个动作。启动控制阀，使液压缸（或液压马达）在规定的

速度范围内连续运转。使执行元件在全行程内快速运动，可排除系统内积存的气体，并判定换向、换接的性能，低速运动可观察运动的平稳性。然后，检查外泄漏、内泄漏是否在允许范围内。工作部件试运动之后，由于液压油充满了管道和液压缸，油箱中的液面会下降，甚至可能使吸油管口或吸油管的滤油网露出液面使系统不能正常工作。所以，必须给油箱补加油到规定液位高度。

④ 调试整个系统的工作顺序、工作循环。检查执行元件的动作是否符合设计的顺序，各动作之间是否协调。

⑤ 检验液压缸行程距离的正确性。

⑥ 检验互锁装置工作的可靠性。

⑦ 在系统空载运行过程中，使执行元件的速度分别在低速、高速和正常工作速度下运转一定时间，观察速度的稳定性和油温变化情况。

（3）带载试验

带载试验的目的如下。

① 检验最大负载能力，消耗功率情况。

② 将液压系统各个动作的各项参数如力、速度、行程的始点与终点以及各动作过程的时间和整个工作循环的总时间等，均调整到原设计所要求的水平。

③ 调整全线和整个液压系统，使工作性能达到稳定可靠。

④ 观察带载情况下的速度稳定性和温升情况。

关于载荷，可以是载荷，也可以是模拟加载。连续运转时间 2～4h。

11.2　液压系统的运转与维护

对液压设备正确使用，精心保养，认真维护可以使设备始终处于良好状态，减少故障的发生，延长使用寿命。

11.2.1　运转

① 液压设备的操作者必须熟悉系统原理，掌握系统动作顺序及各元件的调节方法。

② 在开动设备前，应检查所有运动机构及电磁阀是否处于原始状态，检查油箱液位，若油量不足，不准启动液压泵。

③ 一般油温应控制在 35～55℃ 范围内。冬季当油箱内温度未达到 25℃ 时，不准开始执行元件的顺序动作，应先打开加热器进行加热，或启动油泵使泵空运转。夏季，油温高于 60℃ 时，应采取冷却措施，密切注意系统工作状况，一旦有问题要及时停泵。

④ 停机超过 4h 的液压设备，在开始工作前，应先使泵空转动 5～10min，然后才能带压工作。

11.2.2　维护

为了使液压设备长期保持要求的工作精度和避免某些重大故障的发生，经常性的维护保养是十分重要的。维护保养应分日常检查、定期检查和综合检查三个阶段进行。

（1）日常检查

日常检查通常是用目视、耳听及手触感觉等比较简单的方法，在泵启动前、启动后和停止运转前检查油量、油温、压力、漏油、噪声、振动等情况，并随之进行维护和保养。对重要的液压设备应填写"日检修卡片"。

（2）定期检查

定期检查的内容包括：调查日常检查中发现异常现象的原因并进行排除；对需要维修的部位，必要时，分解检修。定期检查的间隔时间，一般与过滤器检修的间隔时间相同，通常为 2～3 个月。

（3）综合检查

综合检查大约每年一次。其主要内容是检查液压装置的各元件和部件，判断其性能和寿命，并对产生故障的部位进行检修或更换元件。综合检查的方法主要是分解检查，要重点排除一年内可能产生的故障因素。

定期检查和综合检查均应做好记录，以此作为设备出现故障查找原因或设备大修的依据。

思考题

1. 液压系统中管道、液压元件安装有何要求？
2. 为什么液压系统安装后要进行清洗？
3. 液压系统维护的主要内容有哪些？

综合练习题

（参考答案免费提供，请见前言说明）

一、选择题

1. 选择液压油时，主要考虑油液的（　　）。
(A) 密度　　　　　　　　(B) 成分　　　　　　　　(C) 黏度

2. 在（　　）工作的液压系统容易发生气蚀。
(A) 洼地　　　　　　　　(B) 高原　　　　　　　　(C) 平原

3. 液压系统的工作压力取决于（　　）。
(A) 泵的额定压力　　　　(B) 溢流阀的调定压力　　(C) 负载

4. 设计合理的液压泵的吸油管应该比压油管（　　）。
(A) 长些　　　　　　　　(B) 粗些　　　　　　　　(C) 细些

5. 液压系统利用液体的（　　）来传递动力。
(A) 位能　　　　　　(B) 动能　　　　　　(C) 压力能　　　　　　(D) 热能

6. 高压系统宜采用（　　）。
(A) 齿轮泵　　　　　　　(B) 叶片泵　　　　　　　(C) 柱塞泵

7. 双作用叶片泵具有（　　）的结构特点；而单作用叶片泵具有（　　）的结构特点。
(A) 作用在转子和定子上的液压径向力平衡
(B) 所有叶片的顶部和底部所受液压力平衡
(C) 不考虑叶片厚度，瞬时流量是均匀的
(D) 改变定子和转子之间的偏心可改变排量

8. 一水平放置的双伸出杆液压缸，采用三位四通电磁换向阀，要求阀处于中位时，液压泵卸荷，且液压缸浮动，其中位机能应选用（　　）；要求阀处于中位时，液压泵卸荷，且液压缸闭锁不动，其中位机能应选用（　　）。
(A) O 型　　　　　　(B) M 型　　　　　　(C) Y 型　　　　　　(D) H 型

9. 有两个调整压力分别为 5MPa 和 10MPa 的溢流阀串联在液压泵的出口，泵的出口压力为（　　）；并联在液压泵的出口，泵的出口压力又为（　　）。
(A) 5MPa　　　　　　(B) 10MPa　　　　　　(C) 15MPa　　　　　　(D) 20MPa

10. 在下面几种调速回路中，（　　）中的溢流阀是安全阀，（　　）中的溢流阀是稳压阀。
(A) 定量泵和调速阀的进油节流调速回路
(B) 定量泵和旁通型调速阀的节流调速回路
(C) 定量泵和节流阀的旁路节流调速回路
(D) 定量泵和变量马达的闭式调速回路

11. 为平衡重力负载，使运动部件不会因自重而自行下落，在恒重力负载情况下，采用（　　）顺序阀作平衡阀，而在变重力负载情况下，采用（　　）顺序阀作限速阀。
(A) 内控内泄式　　　(B) 内控外泄式　　　(C) 外控内泄式　　　(D) 外控外泄式

12. 顺序阀在系统中做卸荷阀用时，应选用（　　）型，做背压阀时，应选用（　　）型。
(A) 内控内泄式　　　(B) 内控外泄式　　　(C) 外控内泄式　　　(D) 外控外泄式

13. （　　）蓄能器的输出压力恒定。

(A) 重锤式 　　　　　　(B) 弹簧式 　　　　　　(C) 充气式

14. （　　）系统效率较高。

(A) 节流调速 　　　　　(B) 容积调速 　　　　　(C) 容积-节流调速

15. 用过一段时间之后，滤油器的过滤精度略有（　　）。

(A) 提高 　　　　　　　(B) 降低

16. 分流阀能基本上保证两液压缸运动（　　）同步。

(A) 位置 　　　　　　　(B) 速度 　　　　　　　(C) 加速度

17. 液压系统的故障大多数是由（　　）引起的。

(A) 油液黏度不适应 　(B) 油温过高 　　　(C) 油液污染 　　　(D) 系统漏油

18. 野外工作的液压系统，应选用黏度指数（　　）的液压油。

(A) 高 　　　　　　　　(B) 低

19. 当负载流量需求不均衡时，拟采用（　　）油源。

(A) 泵-溢流阀 　　　　(B) 泵-蓄能器

20. 双伸出杆液压缸，采用活塞杆固定安装，工作台的移动范围为缸筒有效行程的（　　）；采用缸筒固定安置，工作台的移动范围为活塞有效行程的（　　）。

(A) 1 倍 　　　　　　(B) 2 倍 　　　　　　(C) 3 倍 　　　　　　(D) 4 倍

21. 对于速度大、换向频率高、定位精度要求不高的平面磨床，采用（　　）液压操纵箱；对于速度低、换向次数不多、而定位精度高的外圆磨床，则采用（　　）液压操纵箱。

(A) 时间制动控制式 　　　　　　　　　　　(B) 行程制动控制式

(C) 时间、行程混合控制式 　　　　　　　　(D) 其他

22. 要求多路换向阀控制的多个执行元件实现两个以上执行机构的复合动作，多路换向阀的连接方式为（　　），多个执行元件实现顺序单动，多路换向阀的连接方式为（　　）。

(A) 串联油路 　　　　(B) 并联油路 　　　(C) 串并联油路 　　　(D) 其他

23. 在下列调速回路中，（　　）为流量适应回路，（　　）为功率适应回路。

(A) 限压式变量泵和调速阀组成的调速回路

(B) 差压式变量泵和节流阀组成的调速回路

(C) 定量泵和旁通型调速阀（溢流节流阀）组成的调速回路

(D) 恒功率变量泵调速回路

24. 容积调速回路中，（　　）的调速方式为恒转矩调节；（　　）的调节为恒功率调节。

(A) 变量泵-变量马达 　(B) 变量泵-定量马达 　(C) 定量泵-变量马达

25. 已知单活塞杆液压缸的活塞直径 D 为活塞杆直径 d 的两倍，差动连接的快进速度等于非差动连接前进速度的（　　）；差动连接的快进速度等于快退速度的（　　）。

(A) 1 倍 　　　　　　(B) 2 倍 　　　　　　(C) 3 倍 　　　　　　(D) 4 倍

26. 有两个调整压力分别为 5MPa 和 10MPa 的溢流阀串联在液压泵的出口，泵的出口压力为（　　）；有两个调整压力分别为 5MPa 和 10MPa 内控外泄式顺序阀串联在液泵的出口，泵的出口压力为（　　）。

(A) 5MPa 　　　　　　(B) 10MPa 　　　　　　(C) 15MPa

27. 存在超越负载（动力性负载）时，应采用（　　）调速。

(A) 进油节流 　　　　(B) 回油节流 　　　　(C) 旁路节流

28. 容积调速系统的速度刚度比采用调速阀节流调速系统的速度刚度（　　）。

(A) 高 　　　　　　　　(B) 低

29. 图1为一换向回路，如果要求液压缸停位准确，停止后液压泵卸荷，那么换向阀中位机能应选择（　　）。

(A) O 型 　　　　　　(B) H 型 　　　　　(C) P 型 　　　　　(D) M 型

30. 如图2为轴向柱塞泵和轴向柱塞马达的工作原理图。当缸体如图示方向旋转时，请判断各油口压

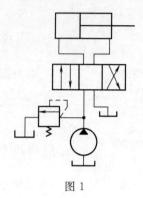

图 1

力高低，选择正确答案，填入指定空格：

① 做液压泵用时 （   ）；

② 做液压马达用时 （   ）。

(A) a 为高压油口，b 为低压油口　　　　　(B) b 为高压油口，a 为低压油口

(C) c 为高压油口，d 为低压油口　　　　　(D) d 为高压油口，c 为低压油口

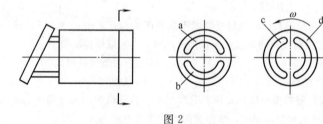

图 2

31. 如图 3 所示变量泵-定量马达容积调速系统。当系统工作压力不变时，该回路是 （   ）。

(A) 恒扭矩调速　　　　(B) 恒功率调速　　　　(C) 恒压力调速　　　(D) 恒功率和恒扭矩组合调速

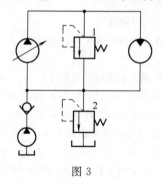

图 3

32. 图 3 回路中，阀 1 和阀 2 的作用是 （   ）。

(A) 阀 1 起溢流作用，阀 2 起安全作用　　　　(B) 阀 1 起安全作用，阀 2 起溢流作用

(C) 均起溢流作用　　　　　　　　　　　　　(D) 均起安全作用

33. 如图 4 所示回路，液压缸 B 进退所需压力均为 2MPa，各阀调定压力如图示。试确定在下列工况时 C 缸的工作压力。

① 在图示状况下，C 缸压力是 （   ）；

② 在图示状况下，当 B 缸活塞顶上死挡块时，C 缸压力是 （   ）；

③ 当 A 阀通电后，B 缸活塞退回不动时，C 缸压力是 （   ）。

(A) 1.5MPa　　　　　(B) 3MPa　　　　　(C) 5MPa　　　　　(D) 4MPa

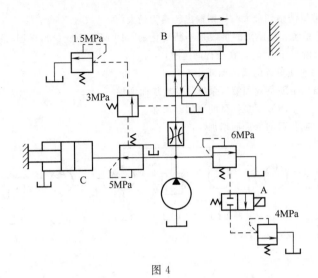

图 4

34. 用同样定量泵、节流阀、溢流阀和液压缸组成下列几种节流调速回路，（   ）能够承受负值负载，（   ）的速度刚性最差，而回路效率最高。

(A) 进油节流调速回路　(B) 回油节流调速回路　(C) 旁路节流调速回路

35. 为保证负载变化时，节流阀的前后压力差不变，即通过节流阀的流量基本不变，往往将节流阀与（   ）串联组成调速阀，或将节流阀与（   ）并联组成旁通型调速阀。

(A) 减压阀　　　　　(B) 定差减压阀　　　(C) 溢流阀　　　　　　(D) 差压式溢流阀

36. 在定量泵节流调速阀回路中，调速阀可以安放在回路的（   ），而旁通型调速回路只能安放在回路的（   ）。

(A) 进油路　　　　　(B) 回油路　　　　　(C) 旁油路

37. 差压式变量泵和（   ）组成的容积节流调速回路与限压式变量泵和（   ）组成的调速回路相比较，回路效率更高。

(A) 节流阀　　　　　(B) 调速阀　　　　　(C) 旁通型调速阀

38. 液压缸的种类繁多，（   ）可做双作用液压缸，而（   ）只能做单作用液压缸。

(A) 柱塞缸　　　　　(B) 活塞缸　　　　　(C) 摆动缸

39. 下列液压马达中，（   ）为高速马达，（   ）为低速马达。

(A) 齿轮马达　　　　(B) 叶片马达　　　　(C) 轴向柱塞马达　　　(D) 径向柱塞马达

40. 三位四通电液换向阀的液动滑阀为弹簧对中型，其先导电磁换向阀中位必须是（   ）机能，而液动滑阀为液压对中型，其先导电磁换向阀中位必须是（   ）机能。

(A) H 型　　　　　　(B) M 型　　　　　　(C) Y 型　　　　　　　(D) O 型

41. 根据每小题系统图和假定条件，选择属于该小题的正确答案，填入空格。

① 如图 5(a) 所示系统，当施加某一恒定负载 M_M 时，其引起主油路压力未送到溢流阀调整压力 p_y，在进行调速时，（   ）。

(A) 输出功率为恒定

(B) 输出扭矩随液压泵排量的增大而减小

(C) 主油路的工作压力随液压泵排量的增大而增大

(D) 液压马达输出功率随液压泵排量的增大而增大

② 如图 5(b) 所示系统，在每一次调速时，施加的负载所引起的主油路的压力都刚好达到溢流阀的调整压力值 p_y。在进行调速时，（   ）。

(A) 液压马达转速随排量的增加而增加

(B) 输出扭矩随液压马达排量的增大而增大

(C) 输出功率随液压马达排量的增大而增大

（D）当液压马达排量调整到最大时，则输出转速为最大值

③ 如图5(c)所示系统，当施加的负载是不断变化的（即 M_M 为变量），但其最大值所引起的主油路压力还未达到溢流阀的调整压力 p_y，在进行调速时，（　　）。

（A）液压马达的转速随负载的增加而减小

（B）液压马达输出功率随负载和液压泵排量的增加而增加

（C）液压马达输出转矩随液压泵排量的增加而增加

（D）主油路的压力随负载的增加而增加

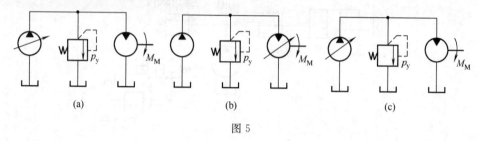

(a)　　　　　　　　(b)　　　　　　　　(c)

图 5

42. 叶片泵和叶片马达工作时，如突然发生一叶片卡在转子叶片槽内而不能外伸的故障，试分析它们的工作状况将分别发生什么变化。

① 对于叶片泵，转子转速（　　），输出压力（　　），输出流量（　　）；

② 对于叶片马达，转子转速（　　），输出转矩（　　），输入流量（　　）。

（A）降低为零　　　　　（B）呈不稳定的波动　　　　　（C）保持不变

43. 某液压泵不直接从液面为大气压的油箱中吸油，而是采用压力为 p_2 的辅助低压系统向该泵供油。假设泵转速、效率及外负载均不变，试分析下列参数如何变化：

① 泵的输出压力（　　）；

② 泵的输出流量（　　）；

③ 泵的输出功率（　　）。

（A）增大　　　　　　（B）减小　　　　　　（C）不变

44. 限制齿轮泵压力提高的主要因素是（　　）。

（A）流量脉动　　　　（B）困油现象　　　　（C）泄漏　　　　（D）径向不平衡力

45. 根据外反馈限压式变量泵的工作原理，试分析调整以下环节后，下述参数将发生什么变化：

① 流量调节螺钉向内旋进：空载流量 q_{V0}（　　），限定压力 p_c（　　），最大压力 p_{max}（　　）；

② 压力调节螺钉向外旋出，减小弹簧压缩量：空载流量 q_{V0}（　　），限定压力 p_c（　　），最大压力 p_{max}（　　），BC 曲线斜率（　　）；

③ 更换原有弹簧，放置刚性系数较小的弹簧，拆装后其他条件（弹簧预压缩量、流量和压力调节螺钉位置）均不变：空载流量 q_{V0}（　　），限定压力 p_c（　　），最大压力 p_{max}（　　），BC 曲线斜率（　　）。

（A）增大　　　　　　（B）减小　　　　　　（C）不变

46. 为保证锁紧迅速、准确，采用了双向液压锁的换向阀应选用（　　）中位机能；要求采用液控单向阀的压力机保压回路，在保压工况液压泵卸载，其换向阀应选用（　　）中位机能。

（A）H 型　　　　　（B）M 型　　　　　（C）Y 型　　　　　（D）O 型

47. 液压泵单位时间内排出油液的体积称为泵的流量。泵在额定转速和额定压力下的输出流量称为（　　）；在没有泄漏的情况下，根据泵的几何尺寸计算而得到的流量称为（　　），它等于排量和转速的乘积。

（A）实际流量　　　　（B）理论流量　　　　（C）额定流量

48. 在实验或工业生产中，常把零压差下的流量（即负载为零时泵的流量）视为（　　）；有些液压泵在工作时，每一瞬间的流量各不相同，但在每转中按同一规律重复变化，这就是泵的流量脉动。瞬时流量一般指的是瞬时（　　）。

（A）实际流量　　　　（B）理论流量　　　　（C）额定流量

49. 对于双作用叶片泵，如果配油窗口的间距角小于两叶片间的夹角，会导致（　　）；又（　　），

配油窗口的间距角不可能等于两叶片间的夹角，所以配油窗口的间距夹角必须大于等于两叶片间的夹角。

　　(A) 由于加工安装误差，难以在工艺上实现

　　(B) 不能保证吸、压油腔之间的密封，使泵的容积效率太低

　　(C) 不能保证泵连续平稳的运动

50. 在双作用叶片泵中，当配油窗口的间隔夹角＞定子圆弧部分的夹角＞两叶片的夹角时，存在（　　），当定子圆弧部分的夹角＞配油窗口的间隔夹角＞两叶片的夹角时，（　　）。

　　(A) 闭死容积大小在变化，有困油现象

　　(B) 虽有闭死容积，但容积大小不变化，所以无困油现象

　　(C) 不会产生闭死容积，所以无困油现象

51. 当配油窗口的间隔夹角＞两叶片的夹角时，单作用叶片泵（　　），当配油窗口的间隔夹角＜两叶片的夹角时，单作用叶片泵（　　）。

　　(A) 已闭死容积大小在变化，有困油现象

　　(B) 虽有闭死容积，但容积大小不变化，所以无困油现象

　　(C) 不会产生闭死容积，所以无困油现象

52. 双作用叶片泵的叶子在转子槽中的安装方向是（　　），限压式变量叶片泵的叶片在转子槽中的安装方向是（　　）。

　　(A) 沿着径向方向安装

　　(B) 沿着转子旋转方向前倾一角度

　　(C) 沿着转子旋转方向后倾一角度

53. 当限压式变量泵工作压力 $p＞p_{拐点}$ 时，随着负载压力上升，泵的输出流量（　　）；当恒功率变量泵工作压力 $p＞p_{拐点}$ 时，随着负载压力上升，泵的输出流量（　　）。

　　(A) 增加　　　　　　　　　　　　(B) 呈线性规律衰减

　　(C) 呈双曲线规律衰减　　　　　　(D) 基本不变

54. 已知单活塞杆液压缸两腔有效面积 $A_1＝2A_2$，液压泵供油流量为 q_V，如果将液压缸差动连接，活塞实现差动快进，那么进入大腔的流量是（　　），如果不差动连接，则小腔的排油流量是（　　）。

　　(A) $0.5q_V$　　　　(B) $1.5q_V$　　　　(C) $1.75q_V$　　　　(D) $2q_V$

55. 在泵-缸回油节流调速回路中，三位四通换向阀处于不同位置时，可使液压缸实现快进—工进—端点停留—快退的动作循环。试分析：在（　　）工况下，泵所需的驱动功率为最大；在（　　）工况下，缸输出功率最小。

　　(A) 快进　　　　　(B) 工进　　　　　(C) 端点停留　　　　(D) 快退

56. 中位机能为 P 型的三位四通换向阀处于不同位置时，可使单活塞杆液压缸实现快进—慢进—快退的动作循环。试分析：液压缸在运动过程中，如突然将换向阀切换到中间位置，此时缸的工况为（　　）；如将单活塞杆缸换成双活塞杆缸，当换向阀切换到中位时，缸的工况为（　　）（不考虑惯性引起的滑移运动）。

　　(A) 停止运动　　　(B) 慢进　　　　　(C) 快退　　　　　(D) 快进

57. 在减压回路中，减压阀调定压力为 p_j，溢流阀调定压力为 p_y，主油路暂不工作，二次回路的负载压力为 p_L。若 $p_y＞p_j＞p_L$，减压阀进、出口压力关系为（　　），若 $p_y＞p_L＞p_j$，减压阀进、出口压力关系为（　　）。

　　(A) 进口压力 $p_1＝p_y$，出口压力 $p_2＝p_j$

　　(B) 进口压力 $p_1＝p_y$，出口压力 $p_2＝p_L$

　　(C) $p_1＝p_2＝p_j$，减压阀的进口压力、出口压力、调定压力基本相等

　　(D) $p_1＝p_2＝p_L$，减压阀的进口压力、出口压力与负载压力基本相等

58. 叶片泵的叶片数量增多后，双作用式叶片泵输出流量（　　），单作用式叶片泵输出流量（　　）。

　　(A) 增大　　　　　(B) 减小　　　　　(C) 不变

59. 消防队员手握水龙喷射压力水时，消防队员（　　）。

　　(A) 不受力　　　　(B) 受推力　　　　(C) 受拉力

60. 在减压回路中，减压阀调定压力为 p_j，溢流阀调定压力为 p_y，主油路暂不工作，二次回路的负载压力为 p_L。若 $p_y > p_j > p_L$，减压阀阀口状态为（　　）；若 $p_y > p_L > p_j$，减压阀阀口状态为（　　）。

(A) 阀口处于小开口的减压工作状态

(B) 阀口处于完全关闭状态，不允许油流通过阀口

(C) 阀口处于基本关闭状态，但仍允许少量的油流通过阀口流至先导阀

(D) 阀口处于全开启状态，减压阀不起减压作用

61. 系统中采用了内控外泄顺序阀，顺序阀的调定压力为 p_x（阀口全开时损失不计），其出口负载压力为 p_L。当 $p_L > p_x$ 时，顺序阀进、出口压力 p_1 和 p_2 之间的关系为（　　）；当 $p_L < p_x$ 时，顺序阀进出口压力 p_1 和 p_2 之间的关系为（　　）。

(A) $p_1 = p_x$，$p_2 = p_L$（$p_1 \neq p_2$）

(B) $p_1 = p_2 = p_L$

(C) p_1 上升至系统溢流阀调定压力 $p_1 = p_y$，$p_2 = p_L$

(D) $p_1 = p_2 = p_x$

62. 当控制阀的开口一定，阀的进、出口压力差 $\Delta p < (3 \sim 5) \times 10^5 \mathrm{Pa}$ 时，随着压力差 Δp 变小，通过节流阀的流量（　　）；通过调速阀的流量（　　）。

(A) 增加　　　　(B) 减少　　　　(C) 基本不变　　　　(D) 无法判断

63. 当控制阀的开口一定，阀的进、出口压力差 $\Delta p > (3 \sim 5) \times 10^5 \mathrm{Pa}$ 时，当负载变化导致压力差 Δp 增加时，压力差的变化对节流阀流量变化的影响（　　）；对调速阀流量变化的影响（　　）。

(A) 增大　　　　(B) 减小　　　　(C) 基本不变　　　　(D) 无法判断

64. 当控制阀的开口一定，阀的进、出口压力相等时，通过节流阀的流量为（　　）；通过调速阀的流量为（　　）。

(A) 0　　　　(B) 某调定值　　　　(C) 某变值　　　　(D) 无法判断

65. 在回油节流调速回路中，节流阀处于节流调速工况，系统的泄漏损失及溢流阀调压偏差均忽略不计。当负载 F 增加时，泵的输入功率（　　），缸的输出功率（　　）。

(A) 增加　　　　　　　　　　　　(B) 减少

(C) 基本不变　　　　　　　　　　(D) 可能增加也可能减少

66. 电液比例阀电磁力马达的弹簧在理论上刚度应该是（　　）。

(A) 很小　　　　(B) 一般　　　　(C) 无限大

67. 电液位置伺服系统中采用滞后校正可以（①）；采用速度校正可以（②）；采用加速度校正可以（③）。

① (A) 提高频宽　　　　(B) 提高稳定性　　　　(C) 提高阻尼比

② (A) 提高频宽　　　　(B) 提高稳定精度　　　　(C) 提高阻尼比

③ (A) 提高频宽　　　　(B) 提高稳定精度　　　　(C) 提高阻尼比

68. 在调速阀旁路节流调速回路中，调速阀的节流开口一定，当负载从 F_1 降到 F_2 时，若考虑泵内泄漏变化因素时液压缸的运动速度 v（　　）；若不考虑泵内泄漏变化的因素时，缸运动速度 v 可视为（　　）。

(A) 增加　　　　(B) 减少　　　　(C) 不变　　　　(D) 无法判断

69. 在定量泵—变量马达的容积调速回路中，如果液压马达所驱动的负载转矩变小，若不考虑泄漏的影响，试判断马达转速（　　）；泵的输出功率（　　）。

(A) 增大　　　　(B) 减小　　　　(C) 基本不变　　　　(D) 无法判断

70. 在限压式变量泵与调速阀组成的容积节流调速回路中，若负载从 F_1 降到 F_2 而调速阀开口不变时，泵的工作压力（　　）；若负载保持定值而调速阀开口变小时，泵工作压力（　　）。

(A) 增加　　　　(B) 减小　　　　(C) 不变

二、填空题

1. 中国油液牌号以（　　）℃时油液的平均（　　）黏度的（　　）数来表示。

2. 油液黏度因温度升高而（　　　），因压力增大而（　　　）。

3. 动力黏度 μ 的物理意义是（　　　）。

4. 运动黏度的定义是（　　　），其表达式为（　　　）。

5. 相对黏度又称（　　　）。

6. 液体的可压缩性系数 β 表示（　　　）。

7. 雷诺数是（　　　）；液体流动时，由层流变为紊流的条件由（　　　）决定。

8. 液体流动中的压力损失可分为（　　　）压力损失和（　　　）压力损失。

9. 油液中混入的空气泡愈多，则油液的体积压缩系数 β 愈（　　　）。

10. 容积式液压泵是靠（　　　）来实现吸油和排油的。

11. 液压系统中的压力取决于（　　　），执行元件的运动速度取决于（　　　）。

12. 液压传动装置由（　　　）、（　　　）、（　　　）和（　　　）四部分组成，其中（　　　）和（　　　）为能量转换装置。

13. 液体在管道中存在两种流动状态，（　　　）时黏性力起主导作用，（　　　）时惯性力起主导作用，液体的流动状态可用（　　　）来判断。

14. 在研究流动液体时，把假设既（　　　）又（　　　）的液体称为理想流体。

15. 变量泵是指（　　　）可以改变的液压泵，常见的变量泵有（　　　）、（　　　）、（　　　），其中（　　　）和（　　　）是通过改变转子和定子的偏心距来实现变量，（　　　）是通过改变斜盘倾角来实现变量。

16. 液压泵的实际流量比理论流量（　　　）；而液压马达实际流量比理论流量（　　　）。

17. 斜盘式轴向柱塞泵构成吸、压油密闭工作腔的三对运动摩擦副为（　　　）与（　　　）、（　　　）与（　　　）、（　　　）与（　　　）。

18. 液压泵的额定流量是指泵在额定转速和（　　　）压力下的输出流量。

19. 液压泵的机械损失是指液压泵在（　　　）上的损失。

20. 齿轮泵的泄漏一般有三个渠道：（　　　）、（　　　）、（　　　），其中以（　　　）最为严重。

21. 液压缸的（　　　）效率是缸的实际运动速度和理想运动速度之比。

22. 在工作行程很长的情况下，使用（　　　）液压缸最合适。

23. 柱塞式液压缸的运动速度与缸筒内径（　　　）。

24. 对额定压力为 2.5MPa 的齿轮泵进行性能试验，当泵输出的油液直接通向油箱时，不计管道阻力，泵的输出压力为（　　　）。

25. 为防止产生（　　　），液压泵距离油箱液面不得太高。

26. 滑阀机能为（　　　）型的换向阀，在换向阀处于中间位置时液压泵卸荷；而（　　　）型的换向阀处于中间位置时可使液压泵保持压力（每格空白只写出一种类型）。

27. 如果顺序阀用阀进口压力作为控制压力，则该阀称为（　　　）式。

28. 调速阀是由（　　　）阀和节流阀串联而成的。

29. 溢流节流阀是由差压式溢流阀和节流阀（　　　）二联构成的。

30. 采用出口节流的调速系统，若负载减小，则节流阀前的压力就会（　　　）。

31. 外啮合齿轮泵的排量与（　　　）的平方成正比，与的（　　　）一次方成正比。因此，在齿轮节圆直径一定时，增大（　　　），减少（　　　）可以增大泵的排量。

32. 外啮合齿轮泵位于轮齿逐渐脱开啮合的一侧是（　　　）腔，位于轮齿逐渐进入啮合的一侧是（　　　）腔。

33. 为了消除齿轮泵的困油现象，通常在两侧盖板上开（　　　），使闭死容积由大变小时与（　　　）腔相通，闭死容积由小变大时与（　　　）腔相通。

34. 齿轮泵产生泄漏的间隙为（　　　）间隙和（　　　）间隙，此外还存在（　　　）间隙。对无间隙补偿的齿轮泵，（　　　）泄漏占总泄漏量的 $80\% \sim 85\%$。

35. 双作用叶片泵的定子曲线由两段（　　　）、两段（　　　）及四段（　　　）组成，吸、压油窗口位于（　　　）段。

36. 调节限压式变量叶片泵的压力调节螺钉，可以改变泵的压力流量特性曲线上（　　　）的大小，调节最大流量调节螺钉，可以改变（　　　）。

37. 溢流阀的进口压力随流量变化而波动的性能称为（　　），性能的好坏用（　　）或（　　）、（　　）评价。显然（　　）小好，（　　）和（　　）大好。

38. 溢流阀为（　　）压力控制，阀口常（　　），先导阀弹簧腔的泄漏油与阀的出口相通。定值减压阀为（　　）压力控制，阀口常（　　），先导阀弹簧腔的泄漏油必须（　　）。

39. 调速阀是由（　　）和节流阀（　　）而成，旁通型调速阀是由（　　）和节流阀（　　）而成。

40. 为了便于检修，蓄能器与管路之间应安装（　　），为了防止液压泵停车或泄载时蓄能器内的压力油倒流，蓄能器与液压泵之间应安装（　　）。

41. 如图 6 所示，设溢流阀的调整压力为 p_y，关小节流阀 a 和 b 的节流口，得节流阀 a 的前端压力为 p_1，后端压力为 p_2，且 $p_y > p_1$；若再将节流口 b 完全关死，此时节流阀 a 的前端压力为（　　），后端压力为（　　）。

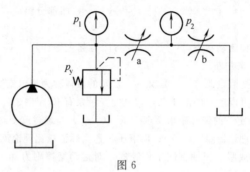

图 6

42. 如图 7 所示液压系统，能实现"快进——工进—二工进—快退—停止及卸荷"工序，填写电磁铁动作（通电为"＋"，断电为"－"）于下页表中。

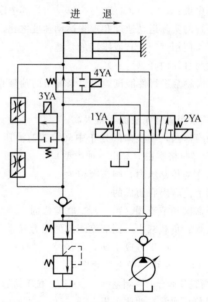

图 7

电磁铁动作顺序表

工　序	1YA	2YA	3YA	4YA
快进				
一工进				
二工进				
快退				
停止、卸荷				

43. 选用过滤器应考虑（　　）、（　　）、（　　）和其他功能，它在系统中可安装在（　　）、（　　）、（　　）和单独的过滤系统中。

44. 两个液压马达主轴刚性连接在一起组成双速换接回路，两马达串联时，其转速为（　　）；两马达并联时，其转速为（　　），而输出转矩（　　）。串联和并联两种情况下回路的输出功率（　　）。

45. 在变量泵-变量马达调速回路中，为了在低速时有较大的输出转矩、在高速时能提供较大功率，往往在低速段，先将（　　）调至最大，用（　　）调速；在高速段，（　　）为最大，用（　　）调速。

46. 限压式变量泵和调速阀的调速回路，泵的流量与液压缸所需流量（　　），泵的工作压力（　　）；而差压式变量泵和节流阀的调速回路，泵输出流量与负载流量（　　），泵的工作压力等于（　　）加节流阀前后压力差，故回路效率高。

47. 顺序动作回路的功用在于使几个执行元件严格按预定顺序动作，按控制方式不同，分为（　　）控制和（　　）控制。同步回路的功用是使相同尺寸的执行元件在运动上同步，同步运动分为（　　）同步和（　　）同步两大类。

48. 按图8填写实现"快进——工进—二工进—快退—原位停、泵卸荷"工作循环的电磁铁动作顺序表。

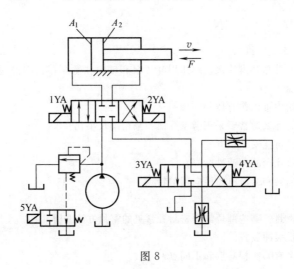

图 8

电磁铁动作顺序表

工序	1YA	2YA	3YA	4YA	5YA
快进					
一工进					
二工进					
快退					
停止、卸荷					

三、问答题

1. 液压油黏度的选择与系统工作压力、环境温度及工作部件的运动速度有何关系？
2. 在考虑液压系统中液压油的可压缩性时，应考虑哪些因素才能真正说明实际情况？
3. 什么是理想流体？
4. 对于层流和紊流两种不同流态，其沿程压力损失与流速的关系有何不同？
5. 轴向柱塞泵的柱塞数为什么都取奇数？
6. 如果与液压泵吸油口相通的油箱是完全封闭的，不与大气相通，液压泵能否正常工作？

7. 为什么称单作用叶片泵为非卸荷式叶片泵，称双作用叶片泵为卸荷式叶片泵？

8. 限压式变量叶片泵适用于什么场合？有何优缺点？（流量压力特性曲线见图 9）

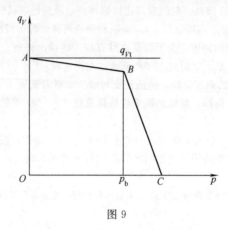

图 9

9. 什么是双联泵？什么是双级泵？

10. 什么是困油现象？外啮合齿轮泵、双作用叶片泵和轴向柱塞泵存在困油现象吗？它们是如何消除困油现象的影响的？

11. 哪些阀在液压系统中可以作背压阀使用？

12. 流量阀的节流口为什么通常要采用薄壁孔而不采用细长小孔？

13. 举出滤油器的各种可能安装位置。

14. 为什么调速阀比节流阀的调速性能好？

15. 说明直流电磁换向阀和交流电磁换向阀的特点。

16. 柱塞缸有何特点？

17. 液压缸为什么要密封？哪些部位需要密封？常见的密封方法有哪几种？

18. 液压缸为什么要设缓冲装置？

19. 液压马达和液压泵有哪些相同点和不同点？

20. 液压控制阀有哪些共同点？应具备哪些基本要求？

21. 液压系统中溢流阀的进口、出口接错后会发生什么故障？

22. 采用节流阀进油节流调速回路，何时液压缸输出的功率最大？

23. 确定双作用叶片泵的叶片数应满足什么条件？通常采用的叶片数为多少？

24. 为什么柱塞泵一般比齿轮或叶片泵能达到更高的压力？

25. 何谓溢流阀的启闭特性？请说明含义。

26. 使用液控单向阀时应注意哪些问题？

27. 选择三位换向阀的中位机能时应考虑哪些问题？

28. 使用顺序阀应注意哪些问题？

29. 为什么顺序阀的弹簧腔泄漏油分内泄和外泄两种？可否全部采用外泄？

30. 为什么调速阀能够使执行元件的运动速度稳定？

31. 多缸液压系统中，如果要求以相同的位移或相同的速度运动时，应采用什么回路？这种回路通常有几种控制方法？哪种方法同步精度最高？

32. 液压系统中为什么要设置背压回路？背压回路与平衡回路有何区别？

33. 调速阀和旁通型调速阀（溢流节流阀）有何异同点？

34. 如图 10 所示为三种不同形式的平衡回路，试从消耗功率、运动平稳性和锁紧作用比较三者在性能上的区别。

35. 阐述双作用叶片泵定子曲线的组成及对曲线的要求。

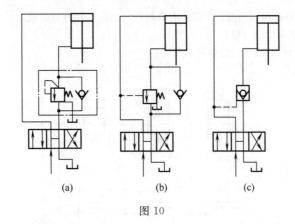

图 10

36. 阐述双作用叶片马达的工作原理,并指出其结构与叶片泵的区别。

37. 试说明溢流阀中的调压弹簧刚度强弱和阻尼孔大小对溢流阀的工作特性的影响。

38. 液压系统的噪声主要来自液压泵,试结合齿轮泵、叶片泵、轴向柱塞泵分析说明液压泵的噪声来源。

39. 分析并说明直动式和先导式溢流阀中阻尼孔的作用有何不同,当溢流阀的阻尼孔堵塞时,先导式和直动式溢流阀会出现什么现象。

40. 在如图 11 所示回路中,溢流节流阀装在液压缸回油路上,其能否实现调速,为什么?

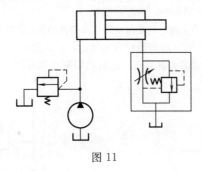

图 11

四、分析题

1. 分析如图 12 所示液压系统,说明下列问题:

① 阀 1、阀 2 和阀 3 组成什么回路?

② 本系统中阀 1 和阀 2 可用液压元件中哪一种阀来代替?

③ 系统正常工作时,为使柱塞能够平稳右移,在系统的工作压力 p_1、阀 2 的调整压力 p_2 和阀 3 的调整压力 p_3 这三者中,哪个压力值最大,哪个最小或者相等,请予以说明。

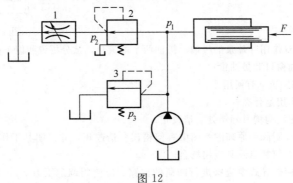

图 12

2. 图 13 为一个压力分级调压回路，回路中有关阀的压力值已调整好，试问：

① 该回路能够实现多少个压力级？

② 每个压力级的压力值是多少？是如何实现的？

请分别回答并说明。

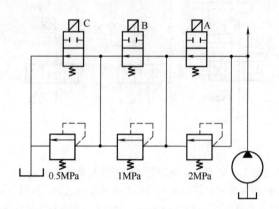

图 13

3. 在如图 14 所示的回路中，旁通型调速阀（溢流节流阀）装在液压缸的回油路上，通过分析其调速性能判断下面哪些结论是正确的。

① 缸的运动速度不受负载变化的影响，调速性能较好；

② 溢流节流阀相当于一个普通节流阀，只起回油路节流调速的作用，缸的运动速度受负载变化的影响；

③ 溢流节流阀两端压差很小，液压缸回油腔背压很小，不能进行调速。

4. 如图 15 所示的回路为带补油装置的液压马达制动回路，说明图中三个溢流阀和单向阀的作用。

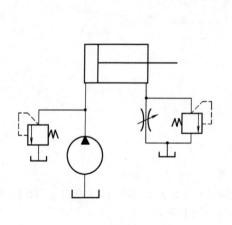

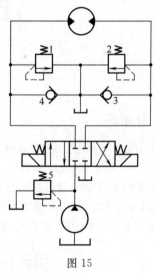

图 14   图 15

5. 如图 16 表示一个双作用叶片泵的吸油、排油两个配流盘，试分析说明以下问题：

① 标出配流盘的吸油窗口和排油窗口。

② 盲槽 a，环槽 b 和凹坑 c 有何用途？

③ 三角形浅槽 d 的作用是什么？

④ 图中的四个三角形浅沟槽有画错处，请改正。

6. 如图 17 表示何种控制阀的原理图？图中有何错误？请改正，并说明其工作原理和 1、2、3、4、5、6 各点应接何处，这种阀有何特点及其应用场合。

7. 如图 18 所示是利用先导式溢流阀进行卸荷的回路。溢流阀调定压力 $p_y = 30 \times 10^5$ Pa。要求考虑阀芯阻尼孔的压力损失，回答下列问题：

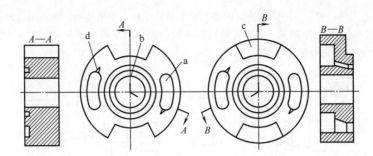

图 16

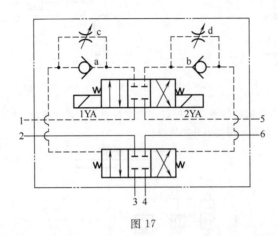

图 17

① 在溢流阀开启或关闭时，控制油路 E，F 段与泵出口处 B 点的油路是否始终是连通的？

② 在电磁铁 1Y 断电时，若泵的工作压力 $p_B = 30 \times 10^5 \mathrm{Pa}$，B 点和 E 点压力哪个压力大？若泵的工作压力 $p_B = 15 \times 10^5 \mathrm{Pa}$，B 点和 E 点哪个压力大？

③ 在电磁铁吸合时，泵的流量是如何流到油箱中去的？

8. 如图 19 所示的系统中，主工作缸 I 负载阻力 $F_1 = 2000\mathrm{N}$，夹紧缸 II 在运动时负载阻力很小可忽略不计。两缸大小相同，大腔面积 $A_1 = 20\mathrm{cm}^2$，小腔有效面积 $A_2 = 10\mathrm{cm}^2$，溢流阀调整值 $p_y = 30 \times 10^5 \mathrm{Pa}$，减压阀调整值 $p_j = 15 \times 10^5 \mathrm{Pa}$。试分析：

① 当夹紧缸 II 运动时，p_a 和 p_b 分别为多少？

② 当夹紧缸 II 夹紧工件时，p_a 和 p_b 分别为多少？

③ 夹紧缸 II 最高承受的压力 p_{max} 为多少？

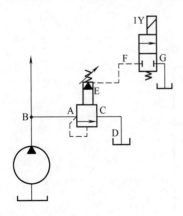

图 18

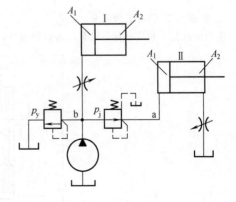

图 19

9. 如图 20（a）、（b）所示为液动阀换向回路。在主油路中接一个节流阀，当活塞运动到行程终点电磁铁 1Y 得电，切换控制油路的电磁阀 3，然后利用节流阀的进油口压差来切换液动阀 4，实现液压缸的换向。试判断图示两种方案是否都能正常工作？

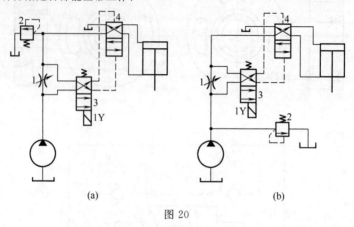

(a)   (b)

图 20

10. 如图 21 所示为组合机床液压系统，用以实现"快进—工进—快退—原位停止、泵卸荷"工作循环。试分析油路有无错误，简要说明理由并加以改正。

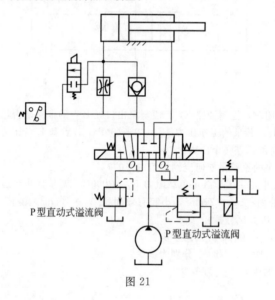

图 21

11. 根据图 22 回答下列问题：

① 说明这是一种什么阀，试标出进口和出口，并画出其职能符号；

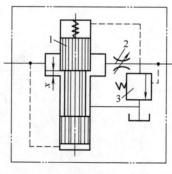

图 22

② 说明此种阀可用于哪几种节流调速回路，试画出其中的一种原理图，将此阀接入回路；

③ 说明阀 1 和阀 3 起什么作用。

12. 试分析节流调速系统的能量利用效率。在设计和使用节流调速系统时，应如何尽量提高其效率？

13. 在如图 23 所示的夹紧系统中，已知定位压力要求为 10×10^5 Pa，夹紧力要求为 3×10^4 N，夹紧缸无杆腔面积 $A_1 = 100 \mathrm{cm}^2$，试回答下列问题：

① A、B、C、D 各件名称，作用及其调整压力；

② 系统的工作过程。

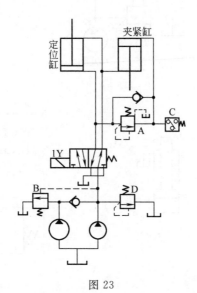

图 23

14. 如图 24 所示采用蓄能器的压力机系统的两种方案，其区别在于蓄能器和压力继电器的安装位置不同。试分析它们的工作原理，并指出图 24（a）、（b）的系统分别具有哪些功能？

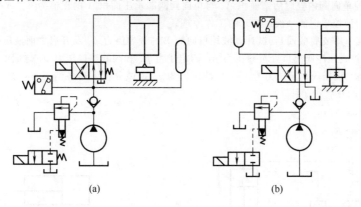

(a)   (b)

图 24

15. 在如图 25 所示的系统中，两溢流阀的调定压力分别为 60×10^5 Pa、20×10^5 Pa。

① 当 $p_{y1} = 60 \times 10^5$ Pa，$p_{y2} = 20 \times 10^5$ Pa，1Y 吸合和断电时泵最大工作压力分别为多少？

② 当 $p_{y1} = 20 \times 10^5$ Pa，$p_{y2} = 60 \times 10^5$ Pa，1Y 吸合和断电时泵最大工作压力分别为多少？

16. 有一台液压传动的机床，其工作台在运动中产生爬行，试分析应如何寻找产生爬行的原因。

17. 试分析说明液压泵入口产生气蚀的物理过程及其危害。

18. 图 26 为一顺序动作回路，两液压缸有效面积及负载均相同，但在工作中发生不能按规定的 A 先动、B 后动顺序动作，试分析其原因，并提出改进的方法。

19. 在如图 27 所示的外控内泄三位四通电液换向阀安装在某系统中，按通电按钮令先导电磁滑阀电磁铁得电后，发现液动换向阀不能换向。试分析原因并指出解决方法。

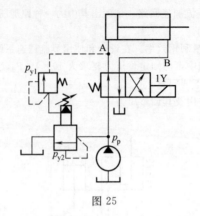

图 25

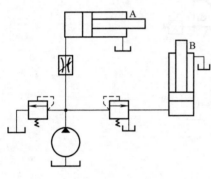

图 26

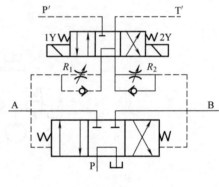

图 27

20. 图 28 为起重机支腿双向锁紧回路。已知支腿液压缸直径 $D=63\text{mm}$，杆径 $d=50\text{mm}$，承受负载 $F=3\times10^4\,\text{N}$，液控单向阀内控制活塞面积 A_k 与单向阀阀芯承压面积 A 的比值为 $A_k/A=3$。

① 试分析双向液控单向阀（液压锁）的工作原理；

② 若活塞内缩（即支腿收回），试计算液控单向阀 B 的开启压力 p_k 及开启之前液压缸大腔压力 p_B。

21. 试分析内控式顺序阀出口处负载压力 p_L 调定压力 p_x 和阀的进口压力 p_1 之间的关系。

22. 图 29 回路，减压阀调定压力为 p_j，负载压力为 p_L，试分析下述各情况下，减压阀进、出口压力的关系及减压阀口的开启状况：

① $p_y<p_j$，$p_j>p_L$；

② $p_y>p_j$，$p_j>p_L$；

③ $p_y>p_j$，$p_j=p_L$；

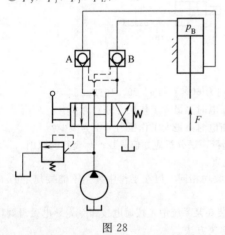

图 28

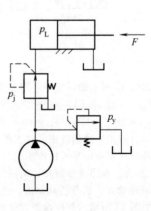

图 29

④ $p_y > p_j$，$p_L = \infty$。

23. 在如图 30 所示的系统中，已知两溢流阀的调整压力分别为 $p_{y1} = 5\text{MPa}$，$p_{y2} = 2\text{MPa}$，试问活塞向左和向右运动时，液压泵可能达到的最大工作压力各是多少？

24. 图 31 定位夹紧系统，要求定位压力为 1MPa，夹紧力为 $3 \times 10^4\text{N}$，夹紧缸无杆腔面积 $A_1 = 100\text{cm}^2$。试回答下列问题：

① 系统的工作过程；

② A、B、C、D 各元件名称、作用及其调整压力。

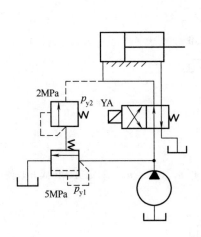

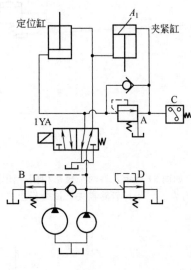

图 30

图 31

25. 两个减压阀串联如图 32 所示。已知减压阀的调整值分别为：$p_{j1} = 3.5\text{MPa}$，$p_{j2} = 2\text{MPa}$，溢流阀调整值 $p_y = 4.5\text{MPa}$。活塞运动时，负载力 $F = 1200\text{N}$，活塞面积 $A_1 = 15\text{cm}^2$，不计减压阀全开时的局部损失及管路损失。试确定：

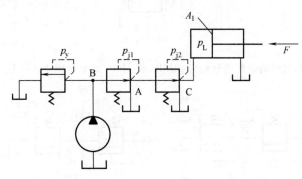

图 32

① 活塞在运动时和到达终端位置时，A、B、C 各点的压力；

② 若负载力增加到 $F = 4200\text{N}$，所有阀的调整值仍为原来数值，这时 A、B、C 各点的压力。

26. 图 33 液压系统，液压缸有效面积 $A_1 = A_2 = 100\text{cm}^2$，缸 I 负载 $F = 35000\text{N}$，缸 II 运动时负载为零。溢流阀、顺序阀和减压阀的调整压力分别为 4MPa、3MPa 和 2MPa。若不计摩擦阻力、惯性力和管路损失，求在下列三种工况下 A、B、C 三点的压力：

① 液压泵启动后，两换向阀处于中位；

② 1YA 通电，液压缸 I 活塞运动时及活塞运动到终端后；

③ 1YA 断电，2YA 通电，液压缸 II 活塞运动时及活塞碰到固定挡块时。

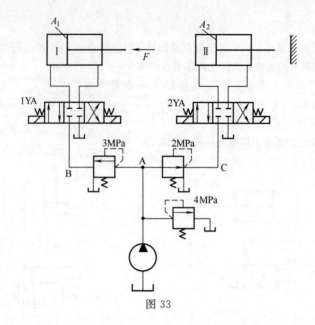

图 33

27. 如图 34 所示，将两个规格相同、调定压力分别为 p_1 和 p_2（$p_1 > p_2$）的定值减压阀并联使用，若进口压力为 p_i，不计管路损失，试分析出口压力 p_0 如何确定。

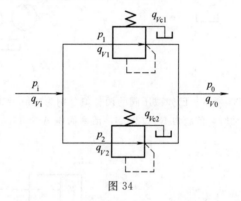

图 34

28. 如图 35 所示，如果将调整压力分别为 10MPa 和 5MPa 的顺序阀 F_1 和 F_2 串联或并联使用，试分析进口压力为多少？

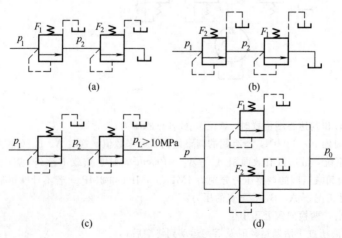

(a)　　　　　　　　　　(b)

(c)　　　　　　　　　　(d)

图 35

29. 试比较溢流阀、减压阀、内腔外泄式顺序阀三者之间的异同。

30. 如将调速阀的进出口油接反，调速阀能否正常工作，为什么？

31. 图 36 为用行程阀的速度换接回路，要求运动时能实现"快进—工进—死挡铁停留—快退"的工作循环，压力继电器控制换向阀切换。试改正图中错误，并分析出现错误的原因。

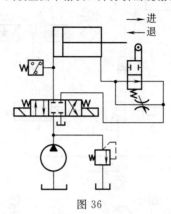

图 36

32. 如图 37 所示为实现机床两次进给速度的两种方案：两个调速阀串联或两个调速阀并联在油路上，用换向阀换接。列出它们的电磁铁动作顺序表，试比较它们的特点，并说明其应用场合。

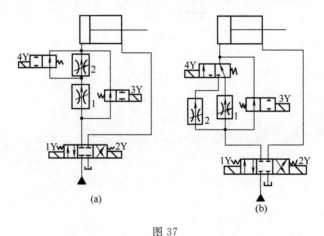

(a)　　　　　　(b)

图 37

33. 图 38 为一种压力控制顺序动作回路，动作顺序为"缸 2 前进—缸 1 前进—缸 2 退回—缸 1 退回"，试分析回路：

① 说明回路工作原理；

② 阀 5 的调定压力如何确定？

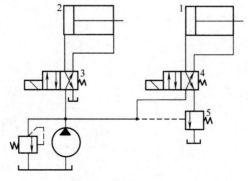

图 38

34. 图 39 为一动力滑台液压系统。根据其工作循环，编制电磁铁动作顺序表。

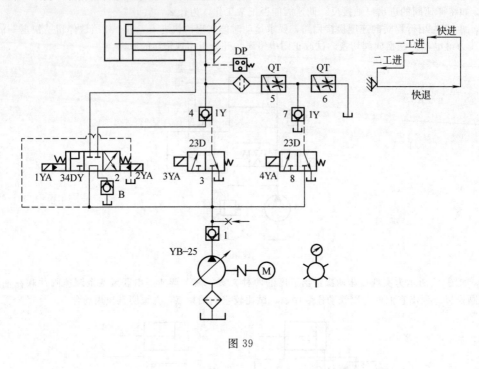

图 39

项目设计

设计并实际搭建回路（1）

一、题目： 设计并搭建一顺序动作回路。

二、要求：

1. 用德国 FESTO（费斯托）软件设计回路（30min）；
2. 用德国 FESTO（费斯托）试验台搭建设计的回路（20min）；
3. 用最少的元件完成。

三、设计回路

四、具体要求及评分标准

序号	评分要素	配分	评分标准	扣分	得分	备注
1	设计控制回路	30 分	设计控制回路正确	设计控制回路中用错元件，应酌情减分		
2	搭建实际回路	40 分	组装实际回路正确	搭建实际回路不能一次成功，应酌情扣分		
3	回路讲解	20 分	正确讲解回路	不能正确运行，应酌情扣分		
4	运行回路	5 分	正确运行	不能正确运行，应酌情扣分		
5	卫生状况	5 分	及时擦净实训台	不能及时擦净实训台		
合　　计						

测试时间：＿＿＿＿＿＿

评分人：＿＿＿＿＿＿

设计液压系统（2）

一、设计项目（在下列项目中选一个，也可自己拟定项目。要求 4 位同学一个项目，24 个课时完成）

1. 2000m³ 高炉炉顶料钟液压传动系统

工艺参数：

小钟自重	12.5t
小钟料重	24t
小钟开启或关闭时间	6s
大钟自重	43t
大钟料重	58t
大钟开启或关闭时间	10s
大、小钟的开启行程	750mm
煤气压差	0.01MPa

系统参数：

系统工作压力	10～12MPa

轴向柱塞泵（3 台）：

公称压力	32MPa
流量（每台）	160L/min
大钟液压缸	$\phi 160 \times 750$mm
小钟液压缸	$\phi 125 \times 750$mm
活塞式蓄能器容积	4×39L
氮气瓶容积	6×40L

2. 1200m³ 高炉炉顶料钟液压传动系统

工艺参数：

大钟拉杆最大总负荷	52t
小钟拉杆最大总负荷	21t
大钟行程	750mm
小钟行程	850mm
大钟开启时间	5s
大钟关闭时间	8～11s
小钟开启时间	6s
小钟关闭时间	6～7s
均压、放散阀行程	650～800mm
均压、放散阀开启时间	3s
均压、放散阀关闭时间	5～6s
均压、放散阀液压缸负荷	1.2t

系统参数：

系统最大工作压力	11MPa

轴向柱塞泵（2 台）：

流量（每台）	100L/min

压力	32MPa
电动机功率	22kW
转速	1460r/min
大钟液压缸	$\phi 125\times 750$mm
小钟液压缸	$\phi 125\times 850$mm
小钟事故液压缸	$\phi 125\times 850$mm
均压阀液压缸	$\phi 125\times 800$mm
放散阀液压缸	$\phi 125\times 800$mm

3. 550m³ 高炉炉顶料钟液压传动系统

工艺参数：

小钟自重	6t
料重	11t
配重	4.2t
开启时间	8s
关闭时间	6s
大钟自重	15t
料重	22t
开启或关闭时间	8s
大、小钟的升降行程	750mm

系统参数：

系统最高工作压力	12MPa
系统最大平均流量	53L/min

轴向柱塞泵（手动变量，2台）

额定工作压力	32MPa
额定流量（每台）	63L/min
转速	1000r/min
大钟液压缸（柱塞式）	$\phi 100\times 750$mm
小钟液压缸（活塞式）	$\phi 140/80\times 750$mm
大钟均压阀液压缸	$\phi 80\times 400$mm
小钟放散阀液压缸	$\phi 80\times 400$mm

4. 255m³ 高炉炉顶料钟液压传动系统

工艺参数：

大钟漏斗内料重	11.5t
大钟自重	6.3t
煤气对大钟浮力	2.8t
大钟行程	600mm
大钟行程时间	7～10s
小钟漏斗内料重	5t
小钟自重	1.45t
小钟行程	650mm
小钟行程时间	7～10s

系统参数：

   系统工作压力   9～11MPa

齿轮泵（两台，一台工作，一台备用）

   最高工作压力   14MPa

   流量（每台）   24.5L/min

   转速   1440r/min

   大钟液压缸 $\phi 80/45 \times 600$mm

   小钟液压缸 $\phi 100/56 \times 650$mm

   活塞式蓄能器容积 3×25L

   氮气瓶容积 4×40L

   油箱有效容积   0.48m³

5. 1500kN 泥炮液压传动系统

工艺参数：

打泥机构：

   泥缸容积   0.23m³

   泥缸直径   500mm

   总推力（最大）   1500kN

   活塞推进速度   0.0144m/s

   吐泥速度   0.16m/s

压炮机构：

   压炮力，运动时   8.7t

       打泥时   24.5t

回转机构：

   最大转角   170°

   回转时间   9s

系统参数：

   打泥回路工作压力   17MPa

   压炮回路工作压力，运动时   7MPa

       打泥时   17MPa

   回转和锚钩回路工作压力   7MPa

柱塞泵：

   额定压力   32MPa

   流量   100L/min

   传动功率   40kW

   转速   1470r/min

   打泥缸 $\phi 350 \times 1170$mm

   压炮缸 $\phi 130 \times 900$mm

   锚钩缸 $\phi 40 \times 100$mm

摆动液压马达：

   输出扭矩   12kN·m

   叶片内径   190mm

叶片外径	350mm
叶片宽度	200mm

6. 2380kN 泥炮液压传动系统

工艺参数：

打泥机构：

泥缸容量	0.25m³
泥缸直径	550mm
总推力（最大）	2380kN
活塞速度	0.8m/min
吐泥速度	0.18m/s

压炮机构：

压炮力，最初	4t
最大	35t
送炮小车组大行程	900mm

回转机构：

最大转矩	65kN·m
转速	5r/min
最大转角	230°
工作角	<180°

系统参数：

打泥回路工作压力	20MPa
压炮回路工作压力	10MPa
回转回路工作压力	4MPa

柱塞泵（2台）

流量（每台）	100L/min
最高工作压力	32MPa
传动功率	40kW
转数	1460r/min
打泥缸	$\phi 380 \times 1330$mm
压炮缸	$\phi 150 \times 1030$mm

摆动液压马达

叶片内径	$\phi 270$mm
叶片外径	$\phi 450$mm
叶片宽度	200mm

7. 2380kN 矮式泥炮液压传动系统

工艺参数：

打泥机构：

泥缸容积	0.25m³
泥缸直径	540mm
总推力（最大）	2380kN
炮身倾角	19°

炮嘴出口直径	150mm
炮嘴吐泥速度	0.2m/s

压炮机构：

最大压炮力	21t
送炮时间	10s
回程时间	6.85s

回转机构：

最大回转力矩	17.5kN·m
回转角度	180°
回转时间	10～15s

系统参数：

打泥回路工作压力	21MPa
压炮回路工作压力	14MPa
开锁回路工作压力	4MPa
回转回路工作压力	14MPa

轴向柱塞泵（手动变量式，2台）

额定压力	32MPa
额定流量（每台）	160L/min
传动功率	55kW
转速	1000r/min
打泥缸	$\phi 380 \times 1100$mm
压炮缸	$\phi 125 \times 700$mm
开锁缸	$\phi 50 \times 100$mm

回转液压马达（径向柱塞式）：

单位流量	1.608L/r
额定转速	0～150r/min
工作压力，额定	16MPa
最大	22MPa
扭矩，额定	3.75kN·m
最大	5.16kN·m
溢流阀1预调压力	8MPa
溢流阀2预调压力	15MPa
溢流阀3预调压力	0.5MPa

8. 1000m³ 高炉热风炉阀门液压传动系统

系统参数：

系统工作压力	5MPa
流量	25L/min
蓄能器容积	4×39L
热风阀液压缸	$\phi 125/70 \times 710$mm
冷风大阀液压缸	$\phi 125/70 \times 710$mm
倒流休风阀液压缸	$\phi 125/70 \times 125$mm

煤气切断阀液压缸	$\phi 80/45\times 630mm$
燃烧阀液压缸	$\phi 100/55\times 630mm$
烟道阀（一）液压缸	$\phi 100/55\times 630mm$
烟道阀（二）液压缸	$\phi 100/55\times 630mm$
废风阀液压缸	$\phi 80/45\times 450mm$
冷风阀液压缸	$\phi 100/55\times 630mm$
冷风旁通阀液压缸	$\phi 80/45\times 450mm$

9. $550m^3$ 高炉热风炉阀门液压传动系统

系统参数：

系统工作压力	$4\sim 5MPa$
系统流量	$20\sim 30L/min$

叶片泵：

最高工作压力	$7MPa$
流量（每台）	$32.2L/min$
蓄能器容积	$2\times 25L$
氮气瓶容积	$3\times 40L$
废气旁通阀液压缸	$\phi 100\times 120mm$
烟道阀液压缸	$\phi 80\times 380mm$
煤气阀液压缸	$\phi 80\times 380mm$
热风阀液压缸	$\phi 100\times 950mm$
冷风阀液压缸	$\phi 100\times 950mm$
燃烧阀液压缸	$\phi 80\times 380mm$

10. 20t 电弧炼钢炉液压传动系统

工艺参数：

容许最大出钢量	35t
熔池面直径	3700mm
熔池最大深度	730mm
炉池面到炉盖高度	1800mm
电极直径	400mm
电极升降最大行程	3100mm
电极升降速度，上升	0.15m/s
下降	0.1m/s
炉体倾翻最大角度，出钢	45°
出渣	15°
炉体倾翻时间	75s
炉盖顶起高度	500mm
炉盖顶起时间	60s
炉盖旋开最大角度	80°
炉盖旋开时间	60s
炉体最大旋转角度	±30°
炉体旋转时间	60s

系统参数：

系统工作压力	4MPa

工作泵（高压离心泵，2台）

流量	90，167，250L/min
压力	6.3，6，5.9MPa
功率	55，55，55kW

工作介质：乳化液

高压蓄能器总容积	3800L
低压蓄能器总容积	1050L

电极升降伺服阀控制泵：

流量	60L/min
压力	0.6～0.8MPa

炉盖顶起缸：

顶力	140t
最大行程	1150mm

炉盖旋转缸：

推力	20t
最大行程	922mm

炉体旋转缸：

最大牵引力	18t
最大行程	1350mm

11. 12500kV·A 铁合金电炉液压传动系统

系统参数：

叶片泵（2台）：

最高工作压力	10MPa
流量（每台）	112.5L/min
转数	1470r/min

蓄能器（气液直接接触式）总容积（包括两个氮气罐在内）：	3×250L
蓄能器最高工作压力	7MPa
油箱容积	$2.9m^3$

电极升降回路：

电极升降缸	$\phi250\times1400$mm
工作压力	5MPa
电极升降工作行程	1200mm
电极升降最高速度	500mm/min

电极压放回路：

抱闸缸：

直径	140mm
工作压力	5MPa
工作行程	120mm

电极压放缸：

直径	$\phi160mm$
工作压力	3MPa
工作行程	180mm
工作速度	$20\sim100mm/min$

把持器回路：

把持缸：

主缸直径	$\phi240mm$
最高工作压力	3MPa
辅缸直径	$\phi80mm$

12. 25000kV·A 铁合金电炉液压传动系统

叶片泵（3 台）：

工作压力	10MPa
额定流量（每台）	87.5L/min
传动功率	18.27kW
蓄能器（包括三个氮气罐）总容积	$4\times500L$
最高工作压力	10MPa
最低工作压力	9MPa

电极升降回路：

工作压力	5MPa
电极升降缸	$\phi270\times1600mm$
电极升降速度	$250\sim500mm/min$

电极压放回路：

工作压力	4MPa
上、下抱闸缸	$\phi70\times100mm$
抱闸缸速度	100mm/min

把持器回路：

工作压力，放松时	7MPa
夹紧时	3MPa
把持缸	$\phi130\times80mm$
工作行程	60mm

13. 35000kV·A 电石炉液压传动系统

电极升降装置和把持器供油泵 1、2（2 台）

工作压力	10MPa
额定流量（每台，当 1500r/min）	171.3L/min

电极压放及抱闸装置供油泵：

工作压力	10MPa
额定流量（当 1500r/min）	15.6L/min

事故用柱塞式手摇泵：

工作压力	10MPa
流量	13.3mm/冲程
电极压放系统蓄能器容积	25L

电极升降系统蓄能器容积	3×55L

电极把持器液压马达（叶片式）

工作压力	3MPa
扭矩	0.01kN·m
转速	800r/min

电极升降缸：

规格	$\phi 250×1600mm$
工作压力	4MPa
工作速度	50～250mm/min

电极抱闸缸：

规格	$\phi 150mm$
工作行程	130mm
工作压力	3MPa
工作速度	50～100mm/min

电极压放缸：

规格	$\phi 200×300mm$
工作压力	4MPa
工作速度	≤100mm/min
每次工作行程	25mm

14. 18t 真空处理设备液压传动系统

工艺参数：

负荷总重	40t
升降极限行程	1760mm
提升速度	50～100mm/s
升降振幅	320～530mm
提升顶点停留时间	6s
下降底点停留时间	5s
每次处理钢水量	12～18t

系统参数：

工作泵（6台）：

工作压力	6MPa
每台流量	100L/min
传动功率	14kW
转速	980r/min

控制泵（1台）：

控制压力	2MPa
流量	18L/min
传动功率	1.7kW
转速	1430r/min
升降缸	$\phi 240×1760mm$

15. 真空室烘烤站加热罩液压传动系统

系统参数：

        系统工作压力   14MPa

齿轮泵：

        工作压力   14MPa

        流量   11.57L/min

        传动功率   4kW

        转速   1450r/min

手动泵：

        压力   25MPa

        流量   15cm³/行程

液压缸：

        规格 $\phi 125/80 \times 1500mm$

        活塞上升推力   35kN

        活塞下降拉力   100kN

        油箱容积   40L

16. 3t 铁合金加热炉液压传动系统

工艺参数：

        加热炉容量   3t

        炉盖液压缸最大开启力   30t

        炉底最大倾动力   17t

系统参数：

        系统工作压力   14MPa

齿轮泵：

        工作压力   14MPa

        流量   30.8L/min

        传动功率   13kW

        转速   970r/min

        炉盖启闭缸 $\phi 200/100 \times 950mm$

        炉底倾动缸 $\phi 125/80 \times 950mm$

        油箱有效容积   0.2m³

17. 100t 炉底车升降液压传动系统

工艺参数：

        顶盘最大顶力   100t

        顶盘最大升降行程   1000mm

        顶盘上升速度   0.28m/min

系统参数：

        系统工作压力   4~5MPa

叶片泵：

        最高工作压力   7MPa

        流量   68L/min

        传动功率   10kW

转速	970r/min
升降缸（柱塞式）	$\phi 560 \times 1000$mm
油箱容积	0.8m³

18. 1600mm×250mm 板坯连铸机主体设备液压传动集中能源系统

系统参数：

能源系统的出口压力有五种：

P_0（最高）	17MPa
P_1	8~16MPa
P_2	5~13MPa
P_3	20MPa
P_K（最高）	6MPa

低压供油泵（螺杆式 2 台）

压力	1.5MPa
流量（每台）	420L/min
传动功率	15kW
转速	1450r/min

控制泵（恒压控制变量叶片泵，2 台）

压力	6MPa
流量（每台）	60L/min
传动功率	7.5kW
转速	1450r/min

高压工作泵（恒压控制轴向柱塞变量泵，4 台）

压力	24MPa
流量（每台）	85L/min
传动功率	37kW
转速	1450r/min

气囊式蓄能器（6 个）

总容积	6×50L
工作压力范围	18~24MPa
油箱容积	4000L

19. 1600mm×250mm 板坯连铸机二次冷却扇形段液压传动系统

铸坯尺寸：

宽	700~1600mm
厚	170、210、250mm
长，长坯	8~10m
短坯	4~4.8m
坯重	3.62~31.2t/根

系统参数：

系统最高工作压力 p_0	17MPa

扇形段 1~2 上辊架升降缸：

规格	$\phi 220/125 \times 240$mm

升降速度	5mm/s

扇形段 3～7 上辊架升降缸：

规格	ϕ320/140×240mm
升降速度	5mm/s

20. 1600mm×250mm 板坯连铸机拉矫机液压传动系统

铸坯尺寸：

宽	700～1600mm
厚	170、210、250mm
长，长坯	8～10m
短坯	4～4.8m
坯重	3.62～31.2t/根
送引锭杆速度	0.4～6m/min
拉坯速度	0.7～3m/min
连铸机长度	21930mm

系统参数：

系统工作压力 p_1	8～16MPa
p_2	5～14MPa

21. 1600mm×250mm 板坯连铸机脱引锭装置、引锭杆存放台斜桥升降与锁定液压传动系统

系统参数：

系统工作压力	20MPa

脱引锭装置升降缸：

规格	ϕ100/56×130mm
升降速度	100mm/s

引锭杆存放台斜桥升降缸：

规格	ϕ160/110×2452mm
前进（斜桥下降）速度	25mm/s
后退（斜桥上升）速度	50mm/s

引锭杆存放台斜桥锁定缸：

规格	ϕ63/42×150mm
前进（锁斜桥紧）、后退（脱开）速度	100mm/s

22. 1600mm×250mm 板坯连铸机火焰切割区摆动辊升降液压传动系统

工艺参数：

铸坯宽度	700～1600mm
铸坯厚度	170、210、250mm
铸坯切割长度，长坯	8～10m
短坯	4～4.8m

切割速度：

当坯厚为 170mm 时	500mm/min
当坯厚为 210mm 时	420mm/min
当坯厚为 250mm 时	380mm/min

系统参数：

系统工作压力	20MPa
摆动辊摆动缸	$\phi125/90\times315$mm
摆动缸活塞移动速度	100mm/s

23. 1600mm×250mm 板坯连铸机出坯设备液压传动集中能源系统

循环泵（螺杆式）：

工作压力	1MPa
流量	355L/min
传动功率	7.5kW
转速	1450r/min

控制泵（带外力补偿器的叶片式）：

工作压力	5MPa
流量	25L/min
传动功率	3kW
转速	1450r/min

工作泵（轴向柱塞式，8台）：

工作压力	16MPa
流量（每台）	325L/min
传动功率	110kW
转速	1450r/min
蓄能器容积	2×20L
蓄能器容积	5L
油箱容积	10000L

24. 1600mm×250mm 板坯连铸机翻板机液压传动系统

工艺参数：

板坯最大断面	1600×250mm
板坯最大长度	10m
板坯最大重量	31.2t/根
系统参数：工作压力 p	16MPa
控制压力 p_K	5MPa
液压缸	$\phi180/125\times2320$mm

25. 200mm×200mm 连铸机第一组托辊液压传动系统

工艺参数：

铸坯断面（最大）	200×200、150×450mm
铸坯长度	1.5～2.8m
铸坯速度	0.8～1.5m/min
两个托辊的最大总夹紧力	32t

系统参数：

系统工作压力	6MPa

叶片泵（2台）

压力	6MPa

流量（每台）	5L/min
传动功率	1.7kW
转速	940r/min
蓄能器容积	3L
液压缸	$\phi130/90\times160$mm
油箱容积	0.5m³

26. 70mm×70mm～150mm×150mm 连铸机钢坯推出机液压传动系统

工艺参数：

钢坯断面	70×70～150×150mm
钢坯长度	2800～3200mm
推钢坯总重	15t
推板行程	704mm

系统参数：

系统工作压力	13MPa

轴向柱塞泵（2 台）

工作压力	13MPa
流量（每台）	90L/min
传动功率	22kW
转速	1500r/min
液压缸	$\phi80/56\times470$mm
油箱容积	800L

27. 3.5m 半连续铸造机液压传动系统

工艺参数：

铸造速度（无级调整）	0.5～35m/h
铸锭最大规格，圆锭	$\phi120～245$mm
扁锭	150×330mm
长度	3000mm
柱塞最大行程	3400mm

系统参数：

齿轮泵（2 台）

工作压力	2.5MPa
流量（每台）	25L/min
传动功率	1.7kW
转速	1450r/min

28. 小型钢坯步进式加热炉液压传动系统

工艺参数：

炉长	19m
炉内宽	5.4m
钢坯断面	110×110、130×130mm
钢坯长度	2200～4400mm
步进梁行程	50～300mm

步进梁动嘴最大周期（其中上升或下降 5.5s；前进或后退 3.5s）	18s

系统参数：

工作泵（2 台）

工作压力	7MPa
流量（每台）	153L/min
总传动功率	55kW
转速	950r/min
升降缸	$\phi225\times750mm$
行走缸	$\phi125\times350mm$
油箱容积	$1m^3$

29. 铝锭步进式加热炉液压传动系统

工艺参数：

铝锭尺寸	$\phi785\sim510\times1400mm$
加热温度	550℃
步进梁最大移动速度	3.5m/min
升降梁沿斜面最大移动速度	2.5m/min
升降行程	210mm

系统参数：

系统工作压力	5MPa
升降缸	$\phi200/60\times1040mm$
步进缸	$\phi100/60\times1200mm$
炉门升降缸	$\phi80/35\times1100mm$

30. 热扩管步进式加热炉液压传动系统

工艺参数：

钢管喇叭口外径	$\phi320\sim730mm$
钢管外径	$\phi89\sim560mm$
钢管长度	5.5～17m
钢管最大重量	25kN/根
步进梁升降高度	240mm
步进梁步进距离	390mm

系统参数：

液压泵（2 台）

工作压力	11MPa
流量（每台）	32L/min
转速	1450r/min

液压泵（2 台）

工作压力	11MPa
流量（每台）	8L/min
转速	1450r/min
升降缸（4 个）	$\phi120\times385mm$
步进缸（2 个）	$\phi70\times400mm$

溢流阀的调定压力	11MPa

31. 1700mm 热连轧步进式加热炉液压传动系统

工艺参数：

活动炉底自重	330t
最大装料量	600t
步进梁行程	600mm
步进梁升降高度	200mm

系统参数：

系统工作压力：最高	14MPa
正常	11MPa

工作泵（双联定量叶片式，3 台）

最高工作压力	17MPa

流量（每台）（当压力为 14MPa，转速为 960r/min）

H 泵	94L/min
S 泵	157L/min
传动功率	75kW
操作回路压力	7MPa
减压阀的二次压力	3.5MPa

操作泵（定量叶片泵）

最高工作压力	21MPa
流量（当压力为 7MPa，转速为 960r/min）	43L/min
传动功率	7.5kW
升降缸（2 个）	$\phi 507/265 \times 690$mm
步进缸（1 个）	$\phi 300/200 \times 660$mm
油箱容积	3000L

32. 8m 环形加热炉液压传动系统

工艺参数：

炉底平均直径	8m
炉底回转部分总重	120t
两链齿间夹角	4°30′
液压缸最大推力	10t
每推进 4°30′ 所需时间	8.5s

系统参数：

叶片泵（2 台）

工作压力	6MPa
流量（每台）	100L/min
传动功率	13kW
转速	970r/min

液压缸：

规格	$\phi 180 \times 420$mm
工作压力	4MPa

33. 12m 环形加热炉液压传动系统

工艺参数：

炉底平均直径	12m
最大装料量	81t
炉底转动部分总重	295t
液压缸最大推力	15t
液压缸工作行程	218.75，436，25mm
炉底转角	4°，6°
每转一个角度的时间	5.2，7.7s

系统参数：

叶片泵：

工作压力	7MPa
流量	157L/min
传动功率	22kW
转速	970r/min

液压缸：

规格	$\phi 200 \times 500$mm
工作压力	5MPa
油箱有效容积	600L

34. 30t 推钢机液压传动系统

工艺参数：

推力	30t
推速	3.5m/s
工作行程	1500mm

系统参数：

工作压力	10MPa

轴向柱塞泵（2台）

额定压力	32MPa
流量（每台）	63L/min
液压缸	$\phi 150 \times 1500$mm

35. 50t 推钢机液压传动系统

工艺参数：推力	50t
最大行程	1500mm
工作行程时间	47s
回程时间	19s

系统参数：

系统工作压力	16MPa

轴向柱塞泵（手动伺服变量，2台）

最高工作压力	21MPa
流量	40L/min

工作缸（柱塞式）	$\phi 200\times 1500mm$
回程缸（柱塞式）	$\phi 90\times 1500mm$

36. 100t 推钢机液压传动系统

工艺参数：

钢坯长度	9～12m
推力	100t
最大行程	2500mm
推速	3m/min

系统参数：

系统最大工作压力	13MPa

齿轮泵（2 台）

额定压力	14MPa
流量（每台）	125L/min
液压缸	$\phi 180\times 2500mm$
液压缸	$\phi 220\times 2500mm$

37. 1700mm 热连轧步进式加热炉出钢机液压传动系统

板坯尺寸：

厚	150～250mm
宽	500～1600mm
长	4000～10000mm
扒皮最大单重	30t

出料方式：单排或双排

横移最大行程	4950mm

升降行程：

在前进极限位置　460mm（在炉床的固定梁上表面，以上 360mm，以下 100mm）

在后退极限位置　600mm（在炉床固定梁上表面，以上 500mm，以下 100mm）

系统参数：

系统工作压力	14MPa

双级叶片泵（4 台）：

工作压力	14MPa
流量（每台）	150L/min
传动功率	55kW
转速	1000r/min

升降缸规格：

1、2 号炉（每炉 2 个）	$\phi 250/140\times 775mm$
3 号炉（每炉 4 个）	$\phi 200/112\times 775mm$

蓄能器（7 个）：

总容积	$7\times 60L$
充氮压力	10MPa

　　油箱容积　　　　　　　　　　　　　　　　　　　　　　　　　3000L

工作介质　水——油型（水包油）乳化液

二、设计步骤与要求

（1）构思液压系统、确定设计方案

① 根据设计题目的要求，分小组讨论确定设计任务；

② 小组每个成员单独构思液压系统方案；

③ 对每个小组成员的方案进行分析论证，确定最优化方案。

（2）设计液压系统

① 根据每个同学的特长，由组长进行每个小组成员的任务分工；

② 每个小组成员单独完成自己的设计任务；

③ 小组集中讨论，验收每个成员的设计任务；

④ 形成一个完整的液压工作系统。

（3）实施对液压工作系统分析

① 小组一起分析设计的液压系统；

② 写出系统分析说明书；

③ 进行压力 p、速度 v、力 f 等参数计算，完成参数计算说明书；

④ 进行资料整理和完成设计任务。

（4）全班进行设计液压体统分析答辩

① 制作汇报 PPT；

② 小组推选裁判员；

③ 小组自己给定每个小组人员基本分数；

④ 由老师现场抽签决定汇报人员；

⑤ 全体人员进行问题答辩；

⑥ 老师根据各位裁判员给出的小组整体分数和每个成员的基本分数，确定每个成员的本次设计任务成绩。

三、答辩评分标准

评分员（_____）

小组	学号	姓名	设计题目	系统设计（精巧7~8分、合理6分、正确5分、基本正确4分、较差1~3分）（满分8分）	系统分析合理讲解清楚答辩流畅（满分4分）	系统参数计算正确（满分3分）	总分（15分）
1							
2							

续表

小组	学号	姓名	设计题目	系统设计(精巧7~8分、合理6分、正确5分、基本正确4分、较差1~3分)(满分8分)	系统分析合理讲解清楚答辩流畅(满分4分)	系统参数计算正确(满分3分)	总分(15分)
3							

四、上交资料

1. 液压系统图（电子版）；

2. 设计说明书；

3. 答辩汇报 PPT。

附录 常用液压传动图形符号

（摘自 GB 786.1—2009）

一、基本符号、管路及连接

名　称	符　号	名　称	符　号
工作管路		柔性管路	
控制管路泄漏管路		组合元件框线	
连接管路		单通路旋转接头	
交叉管路		三通路旋转接头	

二、动力源及执行机构

名　称	符　号	名　称	符　号
单向定量液压泵		摆动液压马达	
双向定量液压泵		单作用单活塞杆缸	
单向变量液压泵		单作用弹簧复位式单活塞杆缸	
双向变量液压泵		单作用伸缩缸	
液压源		双作用单活塞杆缸	
单向定量液压马达		双作用双活塞杆缸	
双向定量液压马达		双作用可调单向缓冲缸	
单向变量液压马达		双作用伸缩缸	
双向变量液压马达		单作用增压器	

三、控制方式

名　　称	符　　号	名　　称	符　　号
人力控制一般符号		差动控制	
手柄式人力控制		内部压力控制	
按钮式人力控制		外部压力控制	
弹簧式机械控制		单作用电磁控制	
顶杆式机械控制		单作用可调电磁控制	
滚轮式机械控制		双作用电磁控制	
加压或卸压控制		双作用可调电磁控制	
液压先导控制（加压控制）		电液先导控制	
液压先导控制（卸压控制）		定位装置	

四、控制阀

名　　称	符　　号	名　　称	符　　号
溢流阀一般符号或直动型溢流阀		顺序阀一般符号或直动型顺序阀	
先导型溢流阀		先导型顺序阀	
先导型比例电磁溢流阀		平衡阀（单向顺序阀）	
减压阀一般符号或直动型减压阀		卸荷阀一般符号或直动型卸荷阀	
先导型减压阀		压力继电器	

续表

名　称	符　号	名　称	符　号
不可调节流阀		或门型梭阀	
可调节流阀		二位二通换向阀（常闭）	
可调单向节流阀		二位二通换向阀（常开）	
调速阀一般符号		二位三通换向阀	
单向调速阀	简化符号	二位四通换向阀	
		二位五通换向阀	
温度补偿型调速阀		三位三通换向阀	
旁通型调速阀		三位四通换向阀	
分流阀		三位四通手动换向阀	
集流阀		二位二通手动换向阀	
分流集流阀		三位四通液动换向阀	
截止阀		三位四通电磁换向阀	
单向阀			
液控单向阀		三位四通电液换向阀	
液压锁		四通伺服阀	

五、辅件和其他装置

名　称	符　号	名　称	符　号
油箱		弹簧式蓄能器	
密闭式油箱(三条油路)			
蓄能器一般符号		重锤式蓄能器	

续表

名　称	符　号	名　称	符　号
气体隔离式蓄能器		带污染指示器过滤器	
温度调节器		压力计	
加热器		压差计	
冷却器		流量计	
过滤器一般符号		温度计	
带磁性滤心过滤器		电动机	
		行程开关	

参 考 文 献

[1] 中国机械工程学会设备与维修工程分会，《机械设备维修问答丛书》编委会编. 液压与气动设备维修问答. 北京：机械工业出版社，2004.

[2] 徐小洞. 液压与气动应用技术. 北京：电子工业出版社，2010.

[3] 毛好喜. 液压与气动技术. 北京：人民邮电出版社，2009.

[4] 张群生. 液压与气压传动. 北京：机械工业出版社，2003.

[5] 丁树模. 液压传动. 北京：机械工业出版社，2001.

[6] 张平格. 液压传动与控制. 北京：冶金工业出版社，2004.

[7] 李芝. 液压传动. 北京：机械工业出版社，2002.

[8] 张磊，陈榕林. 实用液压技术300题. 北京：机械工业出版社，1992.

[9] 任占海. 冶金液压设备及其维护. 北京：冶金工业出版社，2005.

[10] 阎祥安，曹玉平. 液压传动与控制习题集. 天津：天津大学出版社，2004.

[11] 陈尧明，许福玲. 液压与气压传动学习指导与习题集. 北京：机械工业出版社，2005.

[12] 刘忠伟. 液压与气压传动. 北京：化学工业出版社，2005.